KB189826

최 신 판

NCS 기반

반려견 스타일리스트

3급 필기 예상문제

오희경 편저

박영story

머리말

반려동물과 더불어 살아가는 반려인 인구가 지속적으로 증가하면서 한국의 펫팸족 인구가 1,500만 명에 도달하였습니다. 펫팸족이란 반려동물(pet)과 가족(family)의 합성어로, 반려동물을 가족 같은 존재로 대우하는 사람을 뜻합니다. '애완'동물이 아닌 '반려'동물이라는 호칭이 자리 잡은 지도 오랜 세월이 지난 만큼, 우리의 가족과 같은 반려동물의 관리에 대한 중요성 또한 강조되고 있습니다.

해마다 늘어가고 있는 반려견에 대한 관심과 사랑이 반려견 스타일리스트라는 직종을 미래 유망직업으로 각광 받을 수 있도록 하였습니다. (사)한국애견협회가 주관하는 국가공인 자격증인 반려견 스타일리스트는 반려견 미용사를 꿈꾸는 많은 수험생 여러분에게 꼭 필요한 자격증이 될 것입니다.

본 서의 특징은 다음과 같습니다.

- 반려견 전문 저자가 엄선한 단원별 예상문제를 수록하여 완벽한 실전 대비가 가능합니다.
- 각 문제에 해당하는 NCS 학습모듈의 페이지를 함께 표시함으로써 학습의 효율성을 극대화하였습니다.
- 쉽고 친절한 해설을 통해 이론과 문제풀이를 단 한 권으로 준비할 수 있습니다.
- 최신 기출유형을 반영한 실전 모의고사로 시험 직전 실력을 점검해볼 수 있습니다.

본 서가 반려견 스타일리스트 3급 자격증 취득을 꿈꾸는 수험생 여러분들을 합격의 길로 인도하는 길라잡이로서의 역할을 톡톡히 해낼 수 있기를 바랍니다. 끝으로 이 책이 출간될 수 있도록 많은 도움을 주신 박영사의 임직원분들에게 감사의 말씀을 전합니다.

2022년 8월 오희경

시험 소개

반려견 스타일리스트란?

반려견 스타일리스트는 반려견에 대한 전문가적인 지식, 능숙한 미용능력 등을 검정하는 국가공인 자격시험입니다. NCS 기반의 표준화된 자격기준으로 자격을 취득한 사람들이 산업현장에서 전문적인 역할을 수행할 수 있도록 하고 있습니다.

응시 대상

애견미용 분야의 전문성을 인정받고자 하는 종사자나 종사를 희망하는 사람은 누구나 응시할 수 있습니다.

자격 취득 절차

필기시험 접수 → 필기시험 → 실기시험 접수 → 실기시험 → 실기 합격 → 자격증 취득

시험 방법 & 합격 기준

분류	방법	합격 기준
필기	5지선다형 객관식 (OMR카드 이용)	100점 만점에 과목별 40점 이상 취득, 전 과목 평균 60점 이상 취득 ※ 필기시험 합격은 합격자 발표일로부터 만 1년간 유효함
실기	위그를 이용한 기술시현	100점 만점에 60점 이상 취득

3급 시험 과목

필기	• 반려견 미용관리(20문항) • 반려견 기초미용(10문항) • 반려견 일반미용1(20문항)	• 총 50문항(60분) • 5지 선다형 객관식
실기	반려견 일반미용	기술시현(120분) 1. 램클립

시험 접수하기

자격검정 홈페이지에서 시험일정 확인 → 회원가입(미가입자에 한함) → 원서접수 → 접수결과 확인 → 검정료 납부(검정료 납부 기간 내) → 수험표 출력

※ 자격검정 홈페이지 바로가기: https://pskkc.or.kr

수험자 유의사항

① 공통사항

- 신분증 지참(필기: 시험시작 시점까지, 실기: 시험시작 30분 전까지)

사용 가능한 신분증 (만 18세 이상 성인)	• 주민등록증(분실 시 '주민등록증 발급신청 확인서' 원본), 운전면허증, 국가자격증, 국가기술자격증, 국가공인민간자격증, 기간 만료 전의 여권 • 모바일 운전면허증의 경우 직접 앱에서 생성된 화면만 유효하게 인정되며, 화면 캡처본, 촬영본 등 사본은 인정 불가
사용 가능한 신분증 (만 18세 미만)	학생증, 청소년증(분실 시 '청소년증 발급신청 확인서' 원본), 기간만료 전의 여권

※ 응시불가 사례: 신분증 사본, 휴대전화로 촬영된 신분증 사진, 대학생·대학원생 학생증, 유효기간이 만료된 신분증, 이름·사진·생년월일·학교직인 중 어느 하나라도 없는 신분증

- 수험표 지참: 수험표가 없으면 수험자 본인의 시험실 확인이 어렵고 필기시험 답안지에 수험번호 표기 시 잘못 기재할 염려가 있습니다.
- 입실시간 준수: 시험시작 전 유의사항과 제반 요령에 대해 설명하고 수험자 확인, 준비물 사전 검사(실기시험)를 합니다.
- 감독위원 안내 경청 및 준수: 감독위원은 규정에서 정한 내용과 절차에 따라 안내합니다. 감독위원의 안내사항을 거부하거나 소란을 야기할 경우 향후 응시가 제한될 수 있습니다.
- 휴대폰은 OFF: 시험실 내에서 휴대폰 전원은 반드시 OFF 바랍니다.
- 스마트워치 반입 금지: 녹음, 촬영, 메시지 수발신 등의 기능이 있는 전자기기는 사용하거나 반입할 수 없습니다.

② 필기시험

- 수성 사인펜 지참: 컴퓨터용 검정색 수성 사인펜을 지참바랍니다. 수정테이프는 시험실에서 대여합니다. 답안카드 작성 시 연하게 표시되어 전산 판독이 불가능할 경우 전적으로 수험자 귀책입니다.
- 시험지 반납: 다음 해당자는 채점 대상에서 제외되며 3년간 응시할 수 없습니다.
  - 퇴실 시 시험지를 감독위원에 반납하지 않은 자
  - 시험지를 외부로 유출 또는 기도한 자
- 시험 완료자는 시험시간 1/2 경과 후 퇴실 가능합니다.

> 본 시험의 관련 사항은 예고 없이 변경될 수 있으니, 시험 전 반드시 홈페이지(http://pskkc.or.kr)를 확인하시기 바랍니다.

구성과 특징

10

다음 중 항문낭에 대한 설명으로 바르지 않은 것을 고르시오.

① 항문의 9시와 6시 방향으로 엄지손가락과 집게손가락을 이용하여 부드럽게 배출시킨다.
② 채취를 담은 주머니를 항문낭이라 한다.
③ 항문낭은 제거할 수 없다.
④ 항문낭액은 냄새가 나는 끈적한 타르 형태이다.
⑤ 항문낭 문제로 인한 공통적인 행동 특징은 핥기와 엉덩이 끌기이다.

① 항문의 4시와 8시 방향으로 엄지손가락과 집게손가락을 이용하여 부드럽게 배출
③ 항문선이 붓거나 막힌 경우에 치료하지 않고 방치하게 되면 배변이 고통스러워지며 염증이 유발되어 수술로 항문낭을 제거

해설

샴핑

항문낭의 관리(19p)

① 항문낭은 특색 있는 체취를 담은 주머니로 항문의 양쪽에 있다.
② 항문낭액은 냄새가 나는 끈적한 타르 형태이다.
③ 항문낭의 문제로 생기는 불편을 위한 공통적인 행동 특징은 핥기와 엉덩이 끌기이며, 앉을 때 갑자기 놀라는 행동을 보인다.
④ 항문선이 붓거나 막힌 경우에 치료하지 않고 방치하게 되면 배변이 고통스러워지며 염증이 유발되어 수술로 항문낭을 제거한다.

항문낭액 배출 순서: 목욕하기 전에 실시

① 꼬리를 들어 올리고 항문낭을 돌출시킨다.
② 항문의 4시와 8시 방향의 안쪽에 꽉 찬 동그란 형태의 돌출 부위를 엄지손가락과 집게손가락을 이용하여 부드럽게 배출한다.
③ 배출된 항문낭액을 온수로 세척한다.

<항문낭액 배출 방법>

정답 ①, ③

Check Point

단원별 예상문제

- 반려견 전문 저자가 엄선한 핵심 문제만을 담았습니다.
- 연계되는 NCS 페이지를 함께 표시하여 체계적으로 학습할 수 있습니다.
- 최신 기출유형을 100% 반영하여 완벽한 실전 대비가 가능합니다.

37 

다음 중 항문낭에 대한 설명으로 바르지 않은 것을 모두 고르시오.

① 항문선이 붓거나 막힌 경우 항문낭 수술로 제거해야 할 수도 있다.
② 항문의 3시와 9시 방향에 있으며 부드럽게 올려서 짜 준다.
③ 항문낭에 문제가 생기면 동물이 핥거나 엉덩이를 끄는 행동을 보인다.
④ 항문낭은 개체마다 특색 있는 채취를 담은 항문 오른쪽에 위치한 주머니이다.
⑤ 항문낭은 꾸준한 점검과 관리를 필요로 한다.

38 

다음 중 린스에 대한 설명으로 바르지 않은 것을 모두 고르시오.

① 린스는 정전기 방지제, 보습제, 수분, 오일 등의 성분으로 구성되어 있다.
② 린스의 희석액은 털의 상태에 따라 농도를 조절하여 사용한다.
③ 적당량의 린스 원액을 애완동물의 크기에 따라 린스한다.
④ 린스는 오일 성분으로 인하여 털에 윤기와 광택을 준다.
⑤ 린스는 샴핑으로 산성화된 상태를 중화시키는 일이다.

39 

다음 <보기>의 설명에 해당하는 드라이 종류에 대해 고르시오.

- 케이지 드라이어라고도 한다.
- 목욕 후 수분 제거를 잘 해주면 드라잉을 빨리 마칠 수 있다.

① 켄넬 드라이어
② 플러프 드라이어
③ 룸 드라이어
④ 핸드 드라이어
⑤ 타월링

40 

다음 중 드라이어로 털을 건조시키는 방법에 대한 설명으로 바르지 않은 것을 모두 고르시오.

① 드라잉 순서를 정하여 빠짐없이 꼼꼼하게 드라이한다.
② 털의 흐름과 난 방향에 반대 방향으로 드라이한다.
③ 마무리 시 스프레이나 컨디셔너를 뿌려준다.
④ 드라이 후 엉킨 털이 남아있는지 콤으로 점검한다.
⑤ 드라이어로 귀, 머리, 배, 꼬리 안쪽의 덜 마른 부위를 꼼꼼히 말려준다.

35 정답 ①

① 와이어 코트를 가진 견종에는 와이어헤어드 닥스훈트, 노리치테리어, 와이어헤어드 폭스테리어 등이 있다.

36 정답 ②

② 새킹은 드라잉 시 털이 들뜨고 곱슬거리는 채로 건조되는 것을 막기 위해 타월로 몸을 감싸며 건조할 부위만 나누어 드라잉하는 것이다.

37 정답 ②, ④

② 항문의 4시와 8시 방향에 있으며 부드럽게 올려서 짜 준다.
④ 항문낭은 개체마다 특색 있는 채취를 담은 항문 양쪽에 위치한 주머니이다.

38 정답 ③, ⑤

③ 농축 형태의 린스를 용기에 적당한 농도로 희석하여 사용한다.
⑤ 린스는 샴핑으로 알칼리화된 상태를 중화시키는 일이다.

39 정답 ①

① 켄넬 드라이어는 케이지 드라이어라고도 하며, 목욕 후 수분 제거를 잘 해주면 드라잉을 빨리 마칠 수 있는 드라이어다.

40 정답 ②, ⑤

② 털의 흐름과 난 방향에 맞게 드라이한다.
⑤ 드라이어로 귀, 머리, 배, 다리 안쪽의 덜 마른 부위를 꼼꼼히 말려준다.

41 정답 ①

① 콤의 핀 간격이 넓은 면은 털을 세우거나 엉킨 털을 제거할 때 사용하고, 핀 간격이 좁은 면은 털을 섬세하게 세울 때 사용한다.

42 정답 ②

② 엄지환은 가위의 부위별 명칭으로, 동날에 연결된 원형의 고리로 엄지손가락을 끼워 조작하는 부위를 말한다.

43 정답 ①, ③

① 3~20mm는 개체의 몸통부를 클리핑한다.
③ 클리퍼 날의 mm 숫자가 작을수록 날의 간격이 좁다.

44 정답 ①, ②, ⑤

① 개는 앞발에 다섯 개의 발톱이 있다.
② 발톱은 지면으로부터 발을 보호하기 위해 단단하게 되어 있다.
⑤ 고양이는 뒷발에 네 개의 발톱이 있다.

45 정답 ①, ④

이어파우더의 효과
① 피부 자극과 피부 장벽을 느슨하게 한다.
④ 모공을 수축한다.

46 정답 ④

④ 고막은 귀의 구조에서 중이를 보호하고 이소골을 진동시켜 소리를 내이로 전달하는 기능을 갖고 있다.

NCS 학습모듈 200% 활용방법

[STEP 1]

주소창에 https://www.ncs.go.kr 입력하기

https://www.ncs.go.kr

[STEP 2]

24.농림어업 → 02.축산 → 01.축산자원개발 → 06.애완동물미용 클릭하기

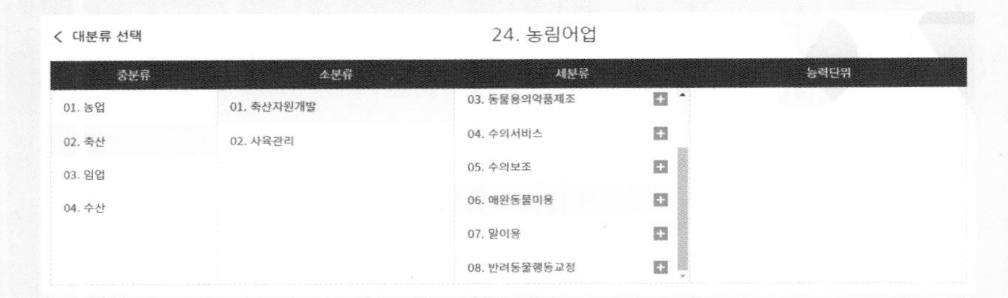

[STEP 3]

NCS 학습모듈 다운받고 열심히 공부하기

NCS학습모듈

※ 학습모듈 관련 문의(한국직업능력연구원): 044-415-3926 저작재산권 관련 고지

□	순번	학습모듈명	분류번호	능력단위명	첨부파일	이전 학습모듈
□	1	애완동물미용 안전·위생 관리	LM2402010601_15v1	애완동물미용 안전 · 위생관리	PDF	
□	2	애완동물 기자재 관리	LM2402010602_15v1	애완동물미용 기자재관리	PDF	
□	3	애완동물 미용 고객 상담	LM2402010603_15v1	애완동물미용 고객 상담	PDF	
□	4	애완동물 목욕	LM2402010604_15v1	애완동물 목욕	PDF	
□	5	애완동물 기본 미용	LM2402010605_15v1	애완동물 기본미용	PDF	
□	6	애완동물 일반미용	LM2402010606_15v1	애완동물 일반미용	PDF	

목차

PART I 단원별 예상문제 3

PART II 실전 모의고사 107

부록 트리밍 용어 130

PART Ⅰ 단원별 예상문제

CHAPTER 01 애완동물미용 안전 · 위생관리

CHAPTER 02 애완동물미용 기자재관리

CHAPTER 03 애완동물미용 고객상담

CHAPTER 04 애완동물 목욕

CHAPTER 05 애완동물 기본미용

CHAPTER 06 애완동물 일반미용

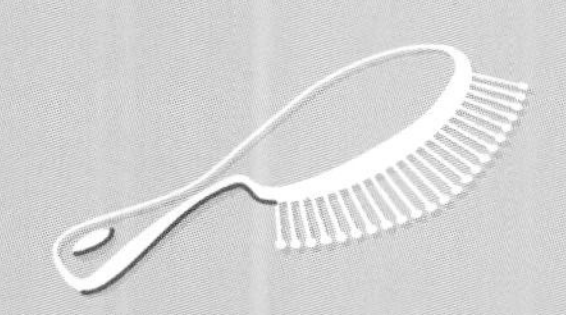

CHAPTER 01

애완동물미용 안전 · 위생관리

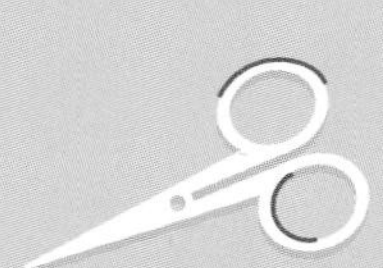

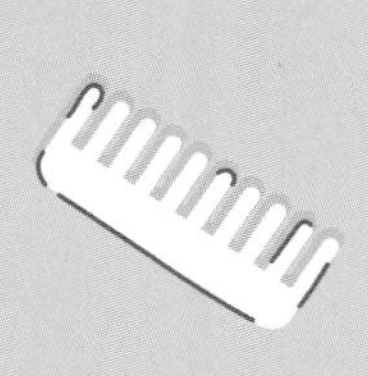

01

작업자 관련 안전 수칙으로 바르지 못한 것을 모두 고르시오.

① 작업자는 미용 숍과 작업장 안의 환경을 항상 청결하게 유지한다.
② 작업자는 동물과 친밀감을 형성하기 위해 간식을 제공한다.
③ 작업자는 작업장에서 작업하기에 편한 복장을 착용한다.
④ 작업자는 애완동물을 미용할 때 음주와 흡연을 하지 않는다.
⑤ 작업자는 작업 중 안전사고를 방지하기 위해 반드시 동물과 작업에만 집중한다.

③ 작업자는 작업장 안에서 작업자를 안전하게 보호하는 정해진 복장을 착용함

해설 **안전 수칙 파악**

작업자 관련 안전 수칙(3p)

① 작업자는 미용 숍과 작업장 안에 있는 모든 시설 및 작업 도구를 주기적으로 점검해야 한다.
② 작업자는 미용 숍과 작업장 안의 환경을 항상 청결하게 유지한다.
③ 작업자는 작업장 안에서 작업자를 안전하게 보호하는 정해진 복장을 착용한다.
④ 작업자는 애완동물을 미용할 때, 음주와 흡연을 하지 않는다.
⑤ 작업자는 작업 중 안전사고를 방지하기 위해 반드시 동물과 작업에만 집중한다.
⑥ 작업자는 작업장 안과 미용숍, 특히 동물이 대기하는 장소에서 장난치거나 뛰어다니면 안 된다.

정답 ②, ③

02

전기 및 화재 안전 수칙에 대한 설명으로 바르지 않은 것을 모두 고르시오.

① 작업자는 물기가 있는 손으로 전기 기구를 만지지 않는다.
② 관리자는 소화기의 사용 방법을 알아야 한다.
③ 작업자는 미용 숍과 작업장에서 절대 흡연을 하면 안 된다.
④ 작업자는 미용 숍과 작업장에서 전기 고장을 발견하면 즉시 직접 수리해야 한다.
⑤ 전선의 피복이 벗겨진 것을 발견하면 즉시 전원을 차단해야 한다.

② 작업자는 소화기의 사용 방법을 알아야 함

④ 작업자는 미용 숍과 작업장에서 전기 고장을 발견하면 즉시 상위자 또는 전기 기사에게 수리를 요청해야 함

해설 **안전 수칙 파악**

전기 및 화재 안전 수칙(4p)

① 작업자는 미용 숍과 작업장에서 전기 고장을 발견하면, 즉시 상위자 또는 전기 기사에게 수리를 요청한다.
② 작업자는 미용 숍과 작업장에 있는 모든 전선을 함부로 만지지 않는다.
③ 작업자는 물기가 있는 손으로 전기 기구를 만지지 않는다.
④ 전선의 피복이 벗겨진 것을 발견하면 즉시 전원을 차단한다.
⑤ 작업자는 미용 숍 또는 작업장에 있는 소화기의 비치 장소를 알아야 한다.
⑥ 작업자는 소화기의 사용 방법을 알아야 한다.
⑦ 미용 숍 또는 작업장에 있는 소화기나 소화전은 점검을 하여 정상적으로 유지되게 한다.
⑧ 작업자는 비상 탈출구의 위치를 알아두고, 비상 탈출구는 언제나 사용할 수 있게 장애물이 없도록 관리해야 한다.
⑨ 하수구에는 절대로 유류를 버려서는 안 된다.
⑩ 작업자는 미용 숍과 작업장에서 절대 흡연을 하면 안 된다.
⑪ 미용 숍과 작업장의 인화성 있는 화학제품은 보관과 취급에 유의한다.

정답 ②, ④

고객에게 동물대기 장소와 관련된 사고에 대비하는 교육 내용 중 바른 것을 모두 고르시오.

① 동물의 갑작스러운 도주를 예방하기 위해 안전문만 꼭 닫고 출입문은 환기를 위해 열어둔다.
② 동물대기 장소에는 많은 동물이 있으므로, 고객에게 살살 뛰어다니라고 전달한다.
③ 동물대기 장소에서는 이물질을 떨어뜨리지 않고 청결하게 유지할 수 있도록 이해시킨다.
④ 고객에게 대기하는 다른 동물이 원한다면 음식을 줄 수 있도록 한다.
⑤ 어린 동물은 질병에 취약하고 공격을 당하기 쉬우므로, 이동장 안에 넣거나 고객이 어린 동물을 안고 대기할 수 있도록 교육한다.

① 동물의 갑작스런 도주를 예방하기 위해 출입문과 통로에 있는 안전문을 꼭 닫도록 교육

② 동물대기 장소에는 많은 동물이 있으므로, 고객에게 뛰어다니지 않도록 이해시킴

④ 고객에게 대기하는 다른 동물에게 음식을 주지 않도록 교육

해설 **안전 수칙 파악 및 안전 교육하기**

고객에게 사고에 대비하여 안전교육(7p)

① 고객에게 대기하는 다른 동물을 함부로 만지지 않도록 교육한다.
② 고객에게 대기하는 다른 동물에게 음식을 주지 않도록 교육한다.
③ 동물대기 장소에는 많은 동물이 있으므로, 고객에게 뛰어다니지 않도록 이해시킨다.
④ 어린 동물은 질병에 취약하고 공격을 당하기 쉬우므로, 고객에게 안거나 이동장 안에 안전하게 대기할 수 있도록 교육한다.
⑤ 동물의 갑작스런 도주를 예방하기 위해 출입문과 통로에 있는 안전문을 꼭 닫도록 교육한다.
⑥ 동물대기 장소에서는 동물이 이물질을 섭취할 가능성이 있으므로, 고객에게 이물질을 떨어뜨리지 않고 청결하게 유지할 수 있도록 이해시킨다.

정답 ③, ⑤

다음 중 동물에 의한 전염성 질환에 대해 바르지 않은 것을 고르시오.

① 광견병
② 개선충에 의한 소양감
③ 파상풍
④ 백선증
⑤ 피부질환

해설 **안전사고의 종류 파악 및 대처**

동물에 의한 교상 및 전염성 질환(10p)

동물에 의한 전염성 질환의 대표적인 예로는 광견병, 백선증, 개선충에 의한 소양감, 홍반·탈모 등의 피부 질환, 동물의 배설물로 인한 회충, 지알디아, 캠필로박터, 살모넬라, 대장균 등 소화기 질환 등이 있다.

정답 ③

다음 중 교상에 대한 설명으로 바른 것을 고르시오.

① 물려서 생긴 상처를 말한다.
② 동물로 인한 전염성 질환이다.
③ 회충, 지알디아, 대장균 등에 의한 소화기 질환을 말한다.
④ 높은 곳에서 떨어지거나 넘어져서 다치는 것을 말한다.
⑤ 미용도구에 의한 상처를 말한다.

② 상처 부위가 화농균이나 혐기성 세균에 감염되면 염증이 발생할 수 있음

④ 높은 곳에서 떨어지거나 넘어져서 다치는 것을 낙상이라고 말함

해설 **안전사고의 종류 파악 및 대처**

동물에 의한 교상(10p)

교상은 물려서 생긴 상처를 말하며, 상처 부위를 통해 화농균이나 혐기성 세균에 감염되어 염증이 발생될 수 있다. 또 교상 부위를 통해 파상풍이나 광견병 등의 감염성 질환에 노출될 가능성이 높다.

정답 ①

다음 중 2도 화상에 대한 설명으로 바른 것을 고르시오.

① 피부의 표피층에만 손상이 있으며 손상 부위에는 발적이 나타난다.
② 수포는 생기지 않고, 통증은 일반적으로 3일 정도 지속된다.
③ 피부의 진피층까지 손상이 생긴다.
④ 피부의 전체 층에 손상이 생긴다.
⑤ 피부의 색이 변한다.

① 1도 화상은 피부의 표피층에만 손상이 있으며 손상 부위에는 발적이 나타남

② 1도 화상은 수포는 생기지 않고, 통증은 일반적으로 3일 정도 지속됨

④ 3도 화상은 피부의 전체 층에 손상이 생김

⑤ 3도 화상은 피부의 색이 변함

해설 **안전사고의 종류 파악 및 대처**

화상(11p)

1도 화상	• 표피층 손상 • 발적이 나타나고 수포는 생기지 않음 • 통증은 3일 정도 지속됨
2도 화상	• 진피층 손상 • 수포와 통증이 나타남 • 흉터가 남을 수 있음
3도 화상	• 피부 전체층 손상 • 피부색 변함 • 피부 신경이 손상되면 통증이 없을 수 있음
4도 화상	• 피부 전체층과 근육, 인대, 뼈까지 손상 • 피부가 검게 변함

정답 ③

다음 중 1도 화상에 대한 설명으로 바르지 않은 것을 모두 고르시오.

① 피부의 표피층에만 손상이 생긴다.
② 손상 부위에는 발적이 나타난다.
③ 수포가 생긴다.
④ 통증은 일반적으로 3일 정도 지속된다.
⑤ 피부 신경이 손상되면, 통증이 없을 수도 있다.

③ 2도 화상은 수포가 생김

⑤ 3도 화상은 피부 신경이 손상되면 통증이 없을 수도 있음

해설 안전사고의 종류 파악 및 대처

문제 06번 해설 참조

정답 ③, ⑤

다음 중 애완동물에게 발생할 수 있는 안전사고로 바르지 않은 것을 고르시오.

① 낙상
② 미용 도구에 의한 상처
③ 화상
④ 도주
⑤ 화재

해설 안전사고의 종류 파악 및 대처

애완동물에게 발생할 수 있는 안전사고 종류(11p)

구분	내용
낙상	미용테이블, 목욕조와 같은 높은 곳에서 떨어지거나 넘어져서 다치는 것
미용도구에 의한 상처	대부분 뾰족하고 날카로운 미용도구들에 의해서 피부에 상처 발생
화상	작업 중 털을 건조할 때 사용하는 헤어드라이어와 룸 드라이, 목욕할 때 사용하는 온수, 미용 시 사용하는 클리퍼, 염색제와 탈색제 등 일부 화학제품에 의해 동물에게 화상 발생
도주	보호자와 떨어진 동물은 낯선 환경에서 극도로 불안하고 예민한 상태이며 작업장을 벗어나려고 도주를 시도함
이물질의 섭취	동물은 코와 입으로 주변을 파악하려는 습성이 있어서 이물질을 섭취할 수 있음
다른 동물에 의한 교상	사회화 정도에 따라 다른 동물과 함께 있는 것을 불쾌해 할 수 있어 다른 동물이나 작업자를 공격하여 교상을 일으킬 수 있음
감전	개는 물건을 물어뜯는 습성, 고양이는 줄과 같은 선형물질을 물고 삼키는 습성이 있어 전열기기의 전기선에 감전되지 않도록 함

정답 ⑤

다음 중 작업자에게 발생할 수 있는 동물에 의한 안전사고 예방방법으로 바르지 않은 것을 고르시오.

① 동물이 불안해하고 두려움을 느끼거나 공격성을 나타내는 등의 부정적인 감정 상태를 동물의 신체 외형의 변화로 파악한다.
② 동물에게 물림방지 도구를 착용시킨다.
③ 동물이 편안한 상태가 되도록 시간을 주고 혼자 있을 수 있는 독립된 공간에 대기시킨다.
④ 동물을 최대한 진정시킨다.
⑤ 동물이 부정적인 감정 상태인 경우에는 물리기 쉬우므로 억지로 붙잡는다.

⑤ 동물이 부정적인 감정 상태인 경우에는 물리기 쉬우므로 억지로 붙잡거나 동물의 얼굴 가까이에 손을 대거나 큰 소리를 내는 행위를 삼가야 함

해설 **작업자의 안전사고 예방 및 대처하기**

작업자에게 발생할 수 있는 동물에 의한 안전사고 예방(15p)

① 동물이 불안해하고 두려움을 느끼거나 공격성을 나타내는 등의 부정적인 감정 상태를 동물의 신체 외형의 변화로 파악한다.
② 동물을 최대한 진정시킨다.
③ 동물에게 물림방지 도구를 착용시킨다.
④ 동물이 편안한 상태가 되도록 시간을 주고, 혼자 있을 수 있는 독립된 공간에 대기시킨다.

정답 ⑤

10

다음 <보기>에서 동물에 의한 가벼운 교상 상처 대처방법이 바르게 나열된 것을 고르시오.

> ㄱ. 물과 비누를 이용하여 수 분간 상처를 깨끗이 씻어준다.
> ㄴ. 피가 계속 날 경우에는 15분 이상 압박하여 지혈한다.
> ㄷ. 멸균거즈나 깨끗한 수건으로 상처를 압박한다.
> ㄹ. 심하게 붓거나 농이 나오는 경우에는 병원으로 이동하여 처치를 받는다.
> ㅁ. 항생제 연고를 바르고, 반창고나 거즈, 붕대 등을 이용하여 상처 부위를 완전히 덮어 보호한다.

① ㄱ → ㄷ → ㄴ → ㅁ → ㄹ
② ㄱ → ㄷ → ㄹ → ㄴ → ㄹ
③ ㄱ → ㄷ → ㄹ → ㅁ → ㄴ
④ ㄱ → ㅁ → ㄴ → ㄷ → ㄹ
⑤ ㄴ → ㄷ → ㄱ → ㅁ → ㄹ

해설 **작업자의 안전사고 예방 및 대처하기**

가벼운 교상에 의한 대처(16p)

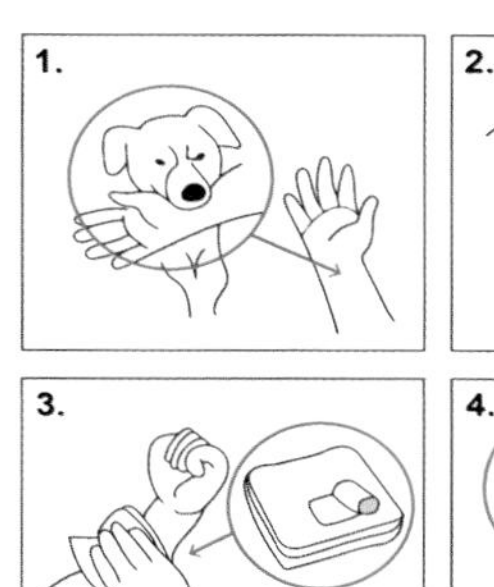

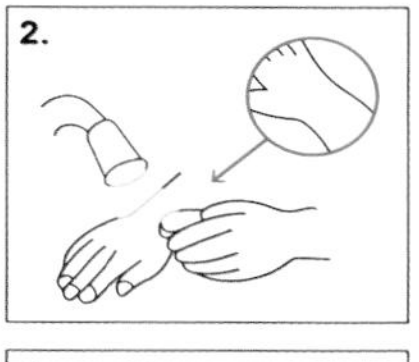

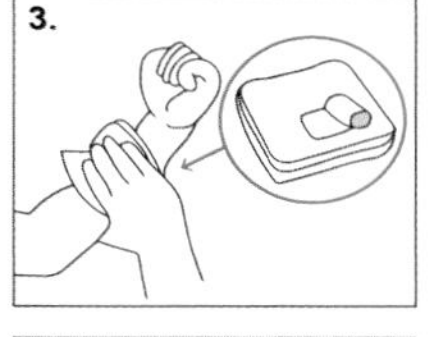

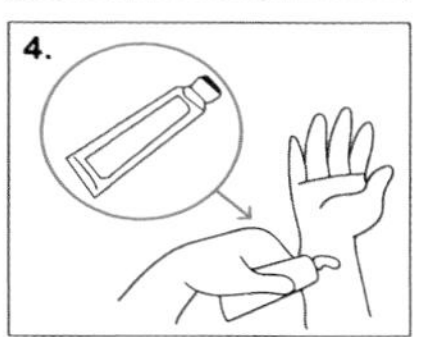

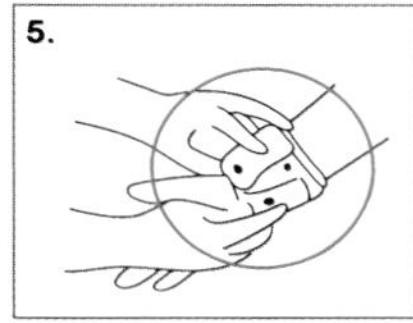

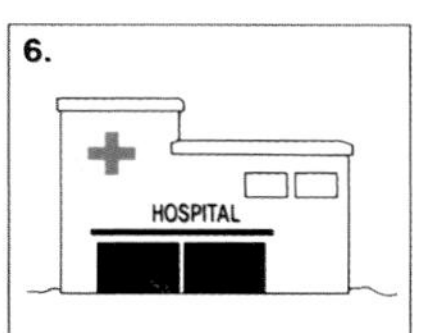

정답 ①

다음 중 미용 도구에 의한 안전사고 대처방법으로 바르지 않은 것을 모두 고르시오.

① 상처 부위를 생리식염수나 클로르헥시딘액을 흘려서 세척한다.
② 과산화수소 또는 포비돈으로 소독한다.
③ 상처 부위를 반창고로 덮어 상처 부위에 물이 들어가지 않게 한다.
④ 출혈이 있는 경우에는 멸균 거즈나 깨끗한 수건으로 충분히 압박하여 지혈한다.
⑤ 상처가 심각하고 10분 이상 지혈해도 출혈이 멈추지 않으면 상처 부위를 멸균 거즈나 깨끗한 수건으로 완전히 덮고 압박하면서 병원으로 이동하여 처치를 받는다.

② 클로르헥시딘 또는 포비돈으로 소독

⑤ 상처가 심각하고 15분 이상 지혈해도 출혈이 멈추지 않으면 상처 부위를 멸균 거즈나 깨끗한 수건으로 완전히 덮고 압박하면서 병원으로 이동하여 처치를 받음

해설 **작업자의 안전사고 예방 및 대처하기**

미용도구에 의한 안전사고 대처(17p)

① 상처 부위를 생리식염수나 클로르헥시딘액을 흘려서 세척한다.
② 클로르헥시딘 또는 포비돈으로 소독한다.
③ 상처 부위를 반창고로 덮어 상처 부위에 물이 들어가지 않게 한다.
④ 출혈이 있는 경우에는 멸균 거즈나 깨끗한 수건으로 충분히 압박하여 지혈한다.
⑤ 상처가 심각하고 15분 이상 지혈해도 출혈이 멈추지 않으면 상처 부위를 멸균 거즈나 깨끗한 수건으로 완전히 덮고 압박하면서 병원으로 이동하여 처치를 받는다.

정답 ②, ⑤

12

다음 중 동물의 낙상에 의한 안전사고의 예방과 대처방법으로 바르지 않은 것을 모두 고르시오.

① 동물의 낙상 시 작업자는 급하게 동물을 끌어 안아서 동물을 보호한다.
② 동물의 의식이 있는 경우 동물의 걷는 행동에 이상이 있는지 관찰한다.
③ 동물이 작업대 위에 있는 경우 작업자는 항상 동물을 주시해야 하며, 동물을 붙잡을 수 있도록 가까운 거리에 있어야 한다.
④ 동물의 낙상 시 작업자는 동물의 신체 중 어느 부분이 먼저 땅에 닿았는지 기억한다.
⑤ 동물의 의식이 없는 경우 동물의 신체에 상처가 있는지 먼저 확인한다.

① 낙상 시 작업자는 당황해서 소리를 지르거나 급하게 동물을 안는 행동을 삼가야 함

⑤ 동물의 의식이 없는 경우 호흡과 심장 박동을 확인해야 함

해설 **애완동물의 안전사고 예방 및 대처하기**

동물의 낙상에 의한 안전사고 예방과 대처(20p)

① 동물의 낙상 시 동물의 신체 중 어느 부분이 땅에 닿았는지 기억한다.
② 낙상으로 작업자는 당황해서 소리를 지르거나 급하게 동물을 안는 행동을 삼간다.
③ 낙상 후 동물이 의식이 있는지 관찰한다.
- 동물이 의식이 있는 경우: 동물의 걷는 행동에 이상이 있는지 관찰하며, 동물의 신체에 상처가 있는지 확인한다.

④ 동물이 의식이 없는 경우 호흡과 심장 박동을 확인한다.
⑤ 낙상 후, 행동이상이나 상처 부위가 관찰되지 않더라도 반드시 보호자에게 낙상 사실을 알린다.

정답 ①, ⑤

동물의 화상에 의한 안전사고 예방과 대처하는 방법 중 바른 것을 모두 고르시오.

① 헤어드라이어를 동물에게 향하기 전에 미리 작업자의 손바닥에 바람의 온도를 확인한다.
② 헤어드라이어와 작업자 사이가 40cm 이상이 되도록 간격을 유지한다.
③ 신속하게 건조하기 위하여 헤어드라이어가 직접 동물의 몸에 닿게 한다.
④ 동물을 목욕시킬 때 온수의 온도는 손으로 물을 만졌을 때 상온으로 느껴지는 온도가 적당하다.
⑤ 처음 온수를 틀 때에는 동물에게 바로 사용하여 화상을 예방한다.

② 헤어드라이어와 동물 사이가 30cm 이상이 되도록 간격을 유지
③ 헤어드라이어가 직접 동물의 몸에 닿지 않도록 함
⑤ 처음 온수를 틀 때에는 동물에게 바로 사용하지 않고, 바닥을 향해 물을 조금 흘려보낸 후 사용

해설 **애완동물의 안전사고 예방 및 대처하기**

동물의 화상에 의한 안전사고 예방과 대처(22p)

① 헤어드라이어를 동물에게 향하기 전에 미리 작업자의 손바닥에 바람의 온도가 너무 뜨겁지 않은지 확인한다.
② 헤어드라이어와 동물 사이가 30cm 이상 되도록 간격을 유지한다.
③ 헤어드라이어가 직접 동물의 몸에 닿지 않도록 한다.
④ 처음 온수를 틀 때에는 동물에게 바로 사용하지 않고, 바닥을 향해 물을 조금 흘려보낸 후 사용한다.
⑤ 동물을 목욕시킬 때 온수의 온도는 35~38℃ 정도로 준비하며, 손으로 물을 만졌을 때 상온으로 느껴지는 온도가 적당하다.

정답 ①, ④

다음 중 화학제품에 의한 화상에 대처하는 방법으로 바르지 않은 것을 모두 고르시오.

① 화상 부위를 10분 이상 차가운 물이나 생리식염수로 세척한다.
② 만약 화학제품이 동물의 눈에 들어간 경우에는 깨끗한 물이나 생리식염수로 15~20분 이상 세척한다.
③ 화학제품을 세척한 후, 동물을 신속하게 동물병원으로 이동한다.
④ 사용한 화학제품을 수의사에게 전달해 치료를 받게 한다.
⑤ 화상 부위에 직접 얼음을 대거나 연고를 바르는 것을 추천한다.

① 미지근한 물을 뿌리거나 흘려주면서 최대한 신속하게 화학제품을 세척함
⑤ 화상 부위에 직접 얼음을 대거나 연고를 바르는 것은 추천하지 않음

해설 **애완동물의 안전사고 예방 및 대처하기**

화학제품에 의한 화상에 대처하는 방법(24p)

① 미지근한 물을 뿌리거나 흘려주면서 최대한 신속하게 화학제품을 세척한다.
② 만약 화학제품이 동물의 눈에 들어간 경우에는 깨끗한 물이나 생리식염수로 15~20분 이상 세척한다.
③ 세척한 후, 동물을 신속하게 동물병원으로 이동한다.
④ 사용한 화학제품을 수의사에게 전달해 치료를 받게 한다.
⑤ 화상 부위에 생긴 수포는 터뜨리지 않아야 한다.
⑥ 화상 부위에 직접 얼음을 대거나 연고를 바르는 것은 추천하지 않는다.

정답 ①, ⑤

다음 <보기>의 설명은 어떤 응급처치 방법에 대한 설명인지 고르시오.

잘못 섭취한 이물질을 제거하는 방법

① 심폐소생술
② 하임리히법
③ 기도폐쇄법
④ 산소공급법
⑤ 흉부압박

해설 **애완동물의 안전사고 예방 및 대처하기**

잘못 섭취한 이물질을 제거하는 방법(29p)

① 동물이 이물질을 섭취하여 숨을 제대로 쉬지 못하고, 기침을 심하게 하며, 앞발로 자신의 입을 치는 행동을 하는지 확인한다.
② 동물이 엘리자베스 칼라를 착용하고 있다면 즉시 제거한다.
③ 하임리히 방법을 숙지하여 응급 상황에 대처한다.

정답 ②

대형동물의 하임리히 방법을 <보기>에서 바르게 나열하시오.

ㄱ. 동물의 등 양쪽 어깨뼈 사이를 강하게 수 회 내리친다.
ㄴ. 한 손은 주먹을 쥐고 다른 한 손은 주먹을 잡아 동물에 밀착시킨다.
ㄷ. 이물질을 섭취한 동물의 뒤에 위치한다.
ㄹ. 이물질이 나오지 않으면 복부 압박과 어깨뼈 내리치는 것을 반복한다.
ㅁ. 두 팔로 동물의 갈비뼈가 끝나는 바로 아래의 하복부를 감싸 안는다.
ㅂ. 복부를 위쪽으로 강하게 압박하며 빠른 속도로 5회 반복한다.

① ㄱ → ㄷ → ㄴ → ㅁ → ㄹ → ㅂ
② ㄱ → ㄷ → ㄹ → ㄴ → ㅁ → ㅂ
③ ㄱ → ㅁ → ㄴ → ㄷ → ㄹ → ㅂ
④ ㄴ → ㄷ → ㄱ → ㅁ → ㅂ → ㄹ
⑤ ㄷ → ㅁ → ㄴ → ㅂ → ㄱ → ㄹ

해설 **애완동물의 안전사고 예방 및 대처하기**

대형동물 하임리히 방법(30p)

① 이물질을 섭취한 동물의 뒤에 위치한다.
② 두 팔로 동물의 갈비뼈가 끝나는 바로 아래의 하복부를 감싸 안는다.
③ 한 손은 주먹을 쥐고 다른 한 손은 주먹을 잡아 동물에 밀착시킨다.
④ 복부를 위쪽으로 강하게 압박하며 빠른 속도로 5회 반복한다.
⑤ 동물의 등 양쪽 어깨뼈 사이를 강하게 수 회 내리친다.
⑥ 이물질이 나오지 않으면 복부 압박과 어깨뼈 내리치는 것을 반복한다.

정답 ⑤

다음 중 애완동물 대기장소의 안전장비가 바르지 않은 것을 고르시오.

① 테이블 고정 암
② 케이지
③ 이동장
④ 울타리
⑤ 안전문

① 테이블 고정 암은 미끄러짐과 낙상 방지를 위한 안전장비 중의 하나

해설 **안전장비 점검하기**

대기장소의 안전장비(39p)

안전문	동물의 크기에 따라 충분히 높고, 안전문의 잠금장치가 튼튼해야 하며 잠금장치는 동물이 물리력을 가하여 열 수 없는 방향으로 제작
울타리	동물이 대기하는 울타리는 동물의 몸높이에 비해 충분히 높고, 튼튼하며 촘촘한 것을 선택
이동장	예민하고 공격적인 성향을 보이는 동물과 특히 고양이는 이동장에서 대기하는 것이 적합
케이지	• 공격적인 성향의 동물과 대형동물의 경우에는 울타리를 쉽게 넘을 수 있고 무너뜨릴 수 있으므로 케이지에서 대기하는 것을 추천 • 호흡기, 소화기 증상을 보이거나 피부병이 있는 동물의 경우에 따로 대기하는 것이 적합

정답 ①

18

다음 <보기>의 설명은 어떤 안전장비에 대한 설명인지 고르시오.

대기하는 동물의 크기에 따라 충분히 높고, 잠금장치가 튼튼해야 하며, 동물이 물리력을 가하여 열 수 없는 방향으로 제작되어야 한다.

① 케이지
② 이동장
③ 울타리
④ 안전문
⑤ 대기장

해설 | **안전장비 점검하기**

대기장소의 안전장비(40p)

① 안전문(40p)

② 울타리(40p)

③ 이동장(41p)

④ 케이지(41p)

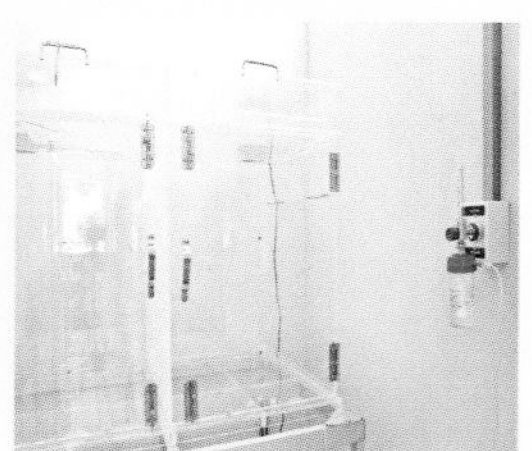

정답 ④

다음 중 엘리자베스 칼라에 대해 바르게 설명한 것을 고르시오.

① 입마개
② 대기장
③ 넥카라
④ 암줄
⑤ 초크체인

해설 **물림방지 도구**

엘리자베스 칼라(47p)

① 원래는 동물이 수술을 마치고 수술 부위를 핥지 못하게 하기 위해 동물의 목에 착용시켜 얼굴을 감싸는 용도로 만들어졌으나, 물지 못하게 하기 위해서도 유용하게 사용된다.
② 플라스틱으로 된 것과 천으로 된 것 등 다양한 종류가 있다.
③ 엘리자베스 칼라의 사용방법: 엘리자베스 칼라의 매끄러운 부분은 동물 쪽으로 하고, 동물의 목 뒤에 잠금 부위가 오도록 착용하며 이때 손가락 두 개가 들어갈 정도로 여유를 두고 고정한다.
④ 엘리자베스 칼라의 상태 점검
- 일회용으로 사용하지 않는 경우에는 사용 전과 후에 세척 및 소독하여 위생적으로 관리하고 점검한다.
- 동물의 안전사고를 방지하기 위해 날카롭게 손상된 부위가 없는지 수시로 점검한다.

정답 ③

다음 중 테이블 고정 암의 역할에 대한 설명으로 바른 것을 고르시오.

① 대기 시 안전장비
② 낙상 방지 안전장비
③ 화재 시 안전장비
④ 누전 시 안전장비
⑤ 도주 시 안전장비

해설 **안전장비 점검하기**

미끄러짐과 낙상 방지를 위한 안전장비(41p)

① 테이블 고정 암(Arm)
- 미용작업을 하는 동안 동물의 안전을 위해 움직임을 제한하도록 한 보정장치이다.
- 미용작업 중에만 사용하고 동물을 혼자 대기시키는 목적으로 사용해서는 안 된다.

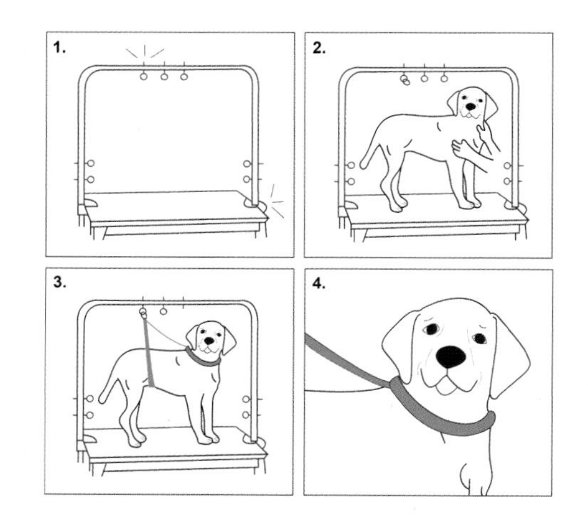

② 바닥재: 테이블의 바닥재는 미끄럽지 않은 소재를 선택하거나 밑에 깔개를 깔아 동물의 미끄러짐과 낙상을 방지한다.

정답 ②

21

다음 중 미용 숍 위생관리의 소독방법으로 바른 것을 모두 고르시오.

① 화학적 소독–동물에 위해하지 않은 화학적 소독제 중 알맞은 소독제를 사용하여 소독한다.
② 자비소독–100℃에서 10~30분 정도 충분히 끓이는 방법으로, 금속제품은 탄산나트륨 3~5%를 추가하면 녹을 방지할 수 있다.
③ 일광소독–맑은 날 오전 10시~오후 3시 사이에 직사광선에 충분히 노출시키는 방법으로 금속류 소독에 적합하다.
④ 자외선소독–2500~2650Å 자외선을 조사하여 멸균하는 방법으로 10cm 내외의 거리에서 10분 정도 노출한다.
⑤ 고압증기멸균–15파운드의 수증기압과 121℃에서 15~20분간 소독한다.

② 자비소독 – 100℃에서 10~30분 정도 충분히 끓이는 방법. 금속제품은 탄산나트륨 1~2%를 추가하면 녹을 방지할 수 있음

③ 일광소독 – 맑은 날 오전 10시~오후 3시 사이에 직사광선에 충분히 노출시키는 방법으로 수건 및 의류 소독에 적합

④ 자외선소독 – 2500~2650Å 자외선을 조사하여 멸균하는 방법으로 10cm 내외의 거리에서 5분 정도 노출

해설 **미용 숍 위생관리**

미용 숍 소독방법(58p)

화학적 소독	동물에 위해하지 않은 화학적 소독제 중 알맞은 소독제를 사용하여 소독
자비소독	• 100℃에서 10~30분 정도 충분히 끓이는 것 • 금속제품은 탄산나트륨 1~2%를 추가하면 녹을 방지할 수 있음
일광소독	맑은 날 오전 10시~오후 3시 사이에 직사광선에 충분히 노출시키는 것으로 수건 및 의류 소독에 적합
자외선소독	2500~2650Å 자외선을 조사하여 멸균하는 방법으로 10cm 내외의 거리에서는 5분 정도 노출
고압증기 멸균	15파운드의 수증기압과 121℃에서 15~20분간 소독

정답 ①, ⑤

다음 <보기>의 빈칸에 들어갈 소독방법으로 바른 것을 고르시오.

( )은 100℃의 끓는 물에 소독 대상을 넣어 소독하는 것을 말한다. 100℃ 이상으로는 올라가지 않으므로 미생물 전부를 사멸시키는 것은 불가능하여 아포와 일부 바이러스에는 효과가 없다.

① 화학적 소독
② 일광소독
③ 자비소독
④ 자외선소독법
⑤ 고압증기멸균법

해설 **미용 숍 위생관리**

소독방법(58p)

화학적 소독	동물에 위해하지 않은 화학적 소독제 중 알맞은 소독제를 사용하여 소독
자비소독	100℃의 끓는 물에서 10~30분 정도 소독 대상을 넣어 소독
일광소독	맑은 날 오전 10시~오후 3시 사이에 직사광선에 노출함으로써 소독
자외선 소독법	소독 대상을 자외선 소독기에 넣고, 10cm 내의 거리에서는 1~2분 동안, 50cm 내의 거리에서는 10분 정도 2,500~2,650Å의 자외선을 조사하여 멸균
고압증기 멸균법	고압증기멸균기(Autoclave)를 사용하여 아포를 포함한 모든 미생물을 사멸

정답 ③

다음 중 화학적 소독제로 바르지 않은 것을 고르시오.

① 계면활성제
② 알코올
③ 차아염소산나트륨
④ 클로르헥시딘
⑤ 페놀류

④ 클로르헥시딘은 피부 소독제

해설 **미용 숍 위생관리**

화학적 소독제의 종류(60p)

계면 활성제	• 음이온 계면활성제(비누, 샴푸, 세제) • 양이온 계면활성제(역성 비누)
과산화물	과산화수소, 과산화초산 등을 포함하며, 산화력으로 살균 소독
알코올	주로 70% 에탄올을 사용하며, 손, 피부 및 미용기구 소독에 가장 적합
차아염소산나트륨	락스의 구성 성분으로 기구 소독, 바닥 청소, 세탁, 식기 세척 등 다양한 용도로 사용
페놀류 (석탄산)	• 거의 모든 세균을 불활성화 시키고 살충 효과도 있지만, 바이러스나 아포에는 효과가 없음 • 가격이 저렴하여 넓은 공간을 소독할 때 적합
크레졸	• 대부분의 세균을 불활성화 시키지만, 아포나 바이러스에는 효과가 없음 • 비누로 유화하여 보통 비눗물과 50%로 혼합한 크레졸 비누액으로 많이 사용

정답 ④

24

화학적 소독제의 종류 중 차아염소산나트륨에 대한 설명으로 바른 것을 모두 고르시오.

① 염소가스가 발생하기 때문에 환기에 특히 신경 쓴다.
② 금속에 부식을 일으킬 수 있다.
③ 파보, 디스템퍼, 인플루엔자, 코로나 등 넓은 범위에의 살균력을 가졌으나 소독력은 낮다.
④ 물과 70% 희석하여 사용한다.
⑤ 세균, 진균, 바이러스를 불활성화 시키지만 녹농균, 결핵균, 아포에는 효과가 없다.

해설 **미용 숍 위생관리**

차아염소산나트륨(화학적 소독제의 종류) (60p)

① 락스의 구성 성분으로 기구 소독, 바닥 청소, 세탁, 식기 세척 등 다양한 용도로 쓰인다.
② 개에서 전염성이 높은 파보, 디스템퍼, 인플루엔자, 코로나바이러스 등과 살모넬라균 등을 불활성화 시킬 수 있고, 넓은 범위의 살균력을 가지며 소독력이 우수하다.
③ 제품에 명시된 농도로 희석하여 용도에 맞게 사용한다. 사용 시에 독성을 띠는 염소가스가 발생(특유한 냄새의 원인)하기 때문에 환기에 특히 신경을 써야 한다.
④ 점막, 눈, 피부에 자극성을 나타내며 금속에 부식을 일으킬 수 있기 때문에 기구 소독에 사용할 때에는 유의해야 한다.
⑤ 보관할 때에는 빛과 열에 분해되지 않도록 보관에 주의해야 한다.

정답 ①, ②

다음 중 피부 소독제가 아닌 것을 고르시오.

① 알코올
② 클로르헥시딘
③ 크레졸
④ 과산화수소
⑤ 포비돈

③ 크레졸은 화학적 소독제

해설 **작업자 위생관리하기**

피부 소독제의 종류(74p)

알코올	• 피부와 같이 살아있는 조직 소독에 사용 • 60~80%의 농도가 되도록 물에 희석하여 사용 예 70% 알코올 제조 시: 알코올 70ml에 물 30ml 혼합
클로르헥시딘	• 일상적인 손 소독과 상처 소독에 모두 사용이 가능한 광범위 소독제 • 0.5%의 농도가 되도록 물, 생리식염수에 희석하여 사용하며 4% 이상의 농도에서는 피부에 자극을 줌
과산화수소	• 도포 시 거품이 나는 것이 특징 • 산화력이 강하고 호기성 세균 번식을 억제하는 효과가 있음 • 2.5~3%의 농도를 소독용으로 사용
포비돈	• 세균, 곰팡이, 원충, 일부 바이러스 등 넓은 범위에 살균력을 가지고 있음 • 주로 상처 소독용, 수술 전 소독용으로 사용하며 1~10%의 농도로 사용

정답 ③

피부 소독제 중 클로르헥시딘에 대한 설명으로 바르지 않은 것을 모두 고르시오.

① 상처 부위에 가급적 피해서 사용하며 60~80%의 농도가 되도록 물에 희석한다.
② 알코올보다는 소독 효과가 천천히 나타나며, 세균의 감소도 서서히 나타난다.
③ 0.5%의 농도가 되도록 물, 생리식염수에 희석하며, 2.5~3% 이상에서 피부 자극이 될 수 있다.
④ 산화력이 강하고 산소가 발생하므로 호기성 세균 번식을 억제하는 효과가 있다.
⑤ 일상적으로 손 소독과 상처 소독에 사용된다.

① 상처 부위에 가급적 피해서 사용하며 0.5%의 농도가 되도록 물에 희석
② 알코올보다는 소독 효과가 천천히 나타나지만, 세균이 급격히 감소하는 효과를 나타냄
③ 0.5%의 농도가 되도록 물, 생리식염수에 희석하며, 4% 이상에서 피부 자극이 될 수 있음
④ 과산화수소는 산화력이 강하고 산소가 발생하므로 호기성 세균 번식을 억제하는 효과가 있음

해설 **작업자 위생관리하기**

문제 25번 해설 참조

정답 ①, ②, ③, ④

27

다음 중 작업자의 위생관리 점검 항목이 바르지 않은 것을 고르시오.

① 장신구
② 작업테이블의 청결 상태
③ 작업복과 신발
④ 헤어
⑤ 손과 손톱

해설 **작업자 위생관리하기**

작업자의 위생관리 점검 항목(72p)

손과 손톱	손톱 밑에는 이물질이 끼어 세균이 쉽게 번식하고, 동물에게 상처를 입힐 수 있으므로 되도록 짧고 청결하게 유지
입 냄새 및 체취	• 작업자는 냄새가 강한 화장품과 향수의 사용 및 흡연은 되도록 피하는 것이 좋음 • 동물뿐만 아니라 동물의 보호자와 대면하고 상담해야 하므로 입 냄새 관리에도 신경을 써야 함
헤어	머리를 뒤로 단정히 묶는 것이 좋음
장신구	과도하게 늘어지는 목걸이, 귀걸이, 팔찌 등의 장신구는 착용하지 않는 것이 좋음
작업복과 신발	• 작업복과 신발은 오염이 덜 되는 소재를 선택하고, 물과 가까이 작업을 하기 때문에 방수가 되는 것으로 선택하여 사용 • 긴 형태의 상하의를 선택하고 신발은 완전히 감싸는 형태가 적합

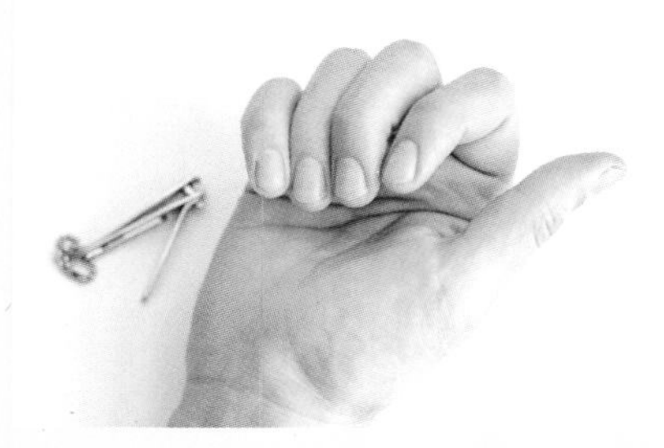

<바람직한 손톱>

<바람직하지 못한 손톱>

정답 ②

다음 <보기>는 어떠한 인수 공통 전염병에 대한 설명인지 고르시오.

곰팡이 감염으로 인한 피부 질환으로, 곰팡이에 감염된 동물에 직접 접촉하거나 오염된 미용기구, 목욕조 등의 접촉으로 감염된다.

① 광견병
② 백선증
③ 개선충
④ 캠필로박터
⑤ 살모넬라균

해설 **작업자 위생관리하기**

접촉에 의한 주요 인수 공통 전염병(73p)

광견병 (Rabieds)	광견병 바이러스로 인해 급성 바이러스성 뇌염을 일으키는 질병
백선증 (곰팡이성 피부 질환, Ringworm)	곰팡이 감염으로 인한 피부 질환으로, 곰팡이에 감염된 동물에 직접 접촉하거나 오염된 미용 기구, 목욕조 등의 접촉으로 감염
개선충 (옴진드기, Sarcoptic mange)	• 개선충(옴진드기)으로 생기는 피부 질환으로 대부분 동물과 직접 접촉하여 감염 • 개선충이 피부 표피에 굴을 파고 서식하므로 소양감이 매우 심함
회충, 지알디아, 캠필로박터, 살모넬라균, 대장균	동물의 배설물 등에 의해 옮겨지며, 주로 입으로 감염되어 사람과 동물에게 장염과 같은 소화기 질병을 일으킴

정답 ②

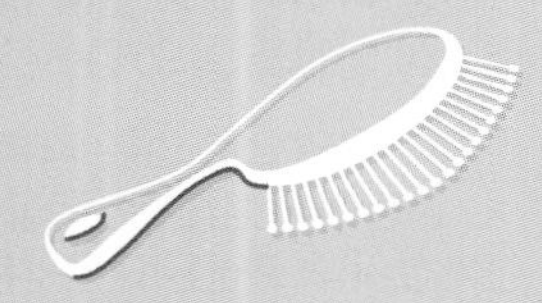

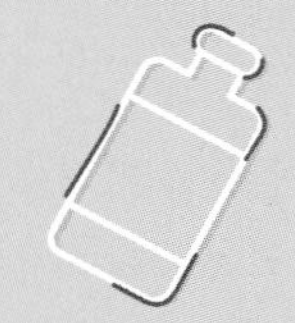

CHAPTER 02

애완동물미용 기자재관리

01

다음 중 가위에 대한 설명으로 바른 것을 고르시오.

① 시닝 가위는 텐텐 가위보다 절삭률이 좋다.
② 블런트 가위는 숱가위라고도 부른다.
③ 커브 가위는 애완동물의 털을 자르는 데 사용한다.
④ 시닝 가위는 발 수와 홈에 따라 절삭률이 달라진다.
⑤ 텐텐 가위는 블런트 가위와 가장 비슷하다.

① 텐텐 가위는 시닝 가위와 비슷하지만 절삭률이 더 좋음
② 블런트 가위는 민가위라고 부름
③ 블런트 가위는 애완동물의 털을 자르는 데 사용
⑤ 텐텐 가위는 시닝 가위와 비슷함

해설 **미용도구의 종류 파악 및 소독**

가위의 종류(3p)

블런트 가위 (Blunt Scissors)	• 민가위라고도 부르며 애완동물의 털을 자르는 데 사용 • 용도에 따라 가위의 크기와 길이가 다양함
시닝 가위 (Thining Scissors)	• 숱가위라고도 부르며 숱을 치는 데 사용 • 발 수와 홈에 따라 절삭률이 달라지므로 용도에 맞는 가위를 선택하여 사용
커브 가위 (Curve Scissors)	가윗날의 모양이 휘어져 있어 곡선 부분을 자를 때에 좋음
텐텐 가위 (Tenten Scissors)	요술 가위라고도 부르며 시닝 가위와 비슷하지만 절삭률이 더 좋음

정답 ④

02

다음 중 클리퍼와 클리퍼날에 대한 설명으로 바르지 않은 것을 고르시오.

① 클리퍼의 윗날은 두께를 조절하고 아랫날은 길이를 결정한다.
② 날에 표기된 mm 수치는 털을 역방향으로 클리핑할 때 남아있는 털의 길이이다.
③ 소형 클리퍼는 발바닥, 항문, 배, 눈, 귀 쪽을 밀 때 쓰인다.
④ 전문 클리퍼는 몸체나 얼굴, 발 등을 클리핑할 때 쓰인다.
⑤ 번호에 따른 날의 길이는 제조사마다 약간씩 편차가 있다.

① 클리퍼의 아랫날은 두께를 조절하고 아랫날 두께에 따라 길이가 결정됨

해설 **미용도구의 종류 파악 및 소독**

클리퍼 날(4p)

① 애완동물의 털을 일정한 길이로 자르는 데 사용한다.
② 클리퍼의 아랫날은 두께를 조절하기 때문에 아랫날 두께에 따라 클리핑되는 길이가 결정되며, 윗날은 털을 자르는 역할을 한다.
③ 클리퍼 날에는 번호가 적혀 있는데 일반적으로 번호가 클수록 털의 길이가 짧게 깎인다.
④ 클리퍼 날에 표기된 mm 수치는 동물의 털을 역방향으로 클리핑할 때 남아있는 털의 길이를 의미한다.

정답 ①

다음 중 클리퍼 날에 대한 설명으로 바르지 않은 것을 모두 고르시오.

① 클리퍼의 아랫날은 두께를 조절한다.
② 클리핑되는 길이는 윗날의 두께에 따라 결정된다.
③ 일반적으로 번호가 클수록 털의 길이가 길게 깎인다.
④ 날에 표기된 mm수치는 동물의 털을 정방향으로 클리핑할 때 남아있는 털의 길이이다.
⑤ 애완동물의 털을 일정한 길이로 자르는 데 사용한다.

② 클리핑되는 길이는 아랫날의 두께에 따라 결정됨
③ 일반적으로 번호가 클수록 털의 길이가 짧게 깎임
④ 날에 표기된 mm수치는 동물의 털을 역방향으로 클리핑할 때 남아있는 털의 길이임

해설 | 미용도구의 종류 파악 및 소독

문제 02번 해설 참조

정답 ②, ③, ④

다음 중 브러시에 대한 설명으로 바르지 않은 것을 모두 고르시오.

① 슬리커 브러시는 엉킨 털을 빗을 때 쓰인다.
② 핀 브러시는 장모종의 엉킨 털을 제거한다.
③ 핀 브러시는 단모종의 죽은 털을 제거한다.
④ 콤은 엉키거나 죽은 털을 제거할 때 쓰인다.
⑤ 오발빗은 가르마 나누기, 털을 세우거나 방향 만들 때 쓰인다.

③ 핀 브러시는 장모종의 죽은 털을 제거
⑤ 오발빗은 애완동물의 볼륨을 표현하기 위해 털을 부풀릴 때에 사용

해설 **미용도구의 종류 파악 및 소독**

빗의 종류(5p)

슬리커 브러시 (Slicker brush)	• 엉킨 털을 빗거나 드라이를 위한 빗질 등에 사용하는 빗으로, 금속이나 플라스틱 재질의 판에 고무 쿠션이 붙어있고 그 위에 구부러진 철사 모양의 쇠가 촘촘하게 박혀있음 • 핀의 재질이나 핀을 심은 간격, 브러시의 크기가 다양하므로 애완동물의 종류나 사용 용도에 알맞은 것을 선택하여 사용
핀 브러시 (Pin brush)	• 장모종의 엉킨 털을 제거하고 오염물을 탈락시키는 용도로 사용 • 플라스틱이나 나무판 위에 고무 쿠션이 붙어있고 둥근 침 모양의 쇠로 된 핀이 끼워져 있음
브리슬 브러시 (Bristle brush)	• 동물의 털로 만든 빗으로, 오일이나 파우더 등을 바르거나 피부를 자극하는 마사지 용도로 사용 • 멧돼지, 돼지, 말 등 여러 동물의 털이 이용되며 사용 목적에 따라 길이나 재질이 다양함
콤(Comb)	• 엉키거나 죽은 털의 제거, 가르마 나누기, 털을 세우거나 방향 만들기 등 다양한 용도로 사용 • 길쭉한 금속 막대 위에 끝이 굵고 둥근 빗살이 꽂혀 있으며, 이러한 형식으로 빗살이 심어진 빗은 가볍고 털에 손상을 덜 주는 장점이 있음 • 빗의 크기, 굵기, 길이 중량 등이 다양하므로 애완동물의 품종과 미용의 용도에 따라 알맞은 것을 선택하여 사용
오발빗 (5-Toothed comb)	포크 콤(Fork comb)이라고도 부르며 애완동물의 볼륨을 표현하기 위해 털을 부풀릴 때에 사용
꼬리빗 (Pointed comb)	동물의 털을 가르거나 래핑을 할 때 사용

정답 ③, ⑤

다음 중 스트리핑 나이프에 대한 설명으로 바르지 않은 것을 모두 고르시오.

① 죽은 털을 제거하고 굵고 건강한 모질을 만드는 데 사용한다.
② 미디엄 나이프는 귀, 눈, 볼, 목 아래의 털을 제거한다.
③ 파인 나이프는 언더코트를 제거하는 데 사용한다.
④ 파인 나이프는 세 종류의 나이프 중에서 날이 가장 얇고 촘촘하다.
⑤ 파인 나이프는 날이 가장 두껍다.

② 파인 나이프는 귀, 눈, 볼, 목 아래의 털을 제거
③ 코스 나이프는 언더코트를 제거하는 데 사용
⑤ 코스 나이프는 날이 가장 두꺼움

해설 **미용도구의 종류 파악 및 소독**

스트리핑 나이프의 종류(7p)

코스 나이프 (Coarse knife)	세 종류의 나이프 중에서 날이 가장 두껍고 거칠며 언더코트를 제거하는 데 사용
미디엄 나이프 (Medium knife)	코스 나이프와 파인 나이프의 중간 두께의 날로 꼬리, 머리, 목 부분의 털을 제거하는 데 사용
파인 나이프 (Fine knife)	세 종류의 나이프 중에서 날이 가장 얇고 촘촘하며 귀, 눈, 볼, 목 아래의 털을 제거하는 데 사용

정답 ②, ③, ⑤

다음 중 "필요 없는 언더코트를 자연스럽게 제거해주는 도구"를 설명하는 단어를 고르시오.

① 쉐어킹　　② 골드킹
③ 코트킹　　④ 파인킹
⑤ 나이핑

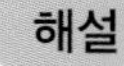

미용도구의 종류 파악 및 소독

코트킹(Coating king) (7p)

코트킹은 필요 없는 언더코트를 자연스럽게 제거해주는 도구이다.

정답 ③

다음 중 엘리자베스 칼라의 용도로 바른 것을 고르시오.

① 동물이 물지 못하게 하기 위해 입에 씌우는 도구이다.
② 귓속의 털을 뽑거나 다듬을 때 사용한다.
③ 수술 부위를 핥지 못하게 하기 위해 사용한다.
④ 미용 연습을 하는 견체 모형이다.
⑤ 래핑할 때 쓰이는 도구이다.

해설 **미용도구의 종류 파악 및 소독**

엘리자베스 칼라(9p)

① 원래는 동물이 수술을 마치고 수술 부위를 핥지 못하게 하기 위해 동물의 목에 착용시켜 얼굴을 감싸는 용도로 만들어졌다.
② 물지 못하게 하기 위해서도 유용하게 사용한다.

정답 ③

08

다음 중 가위의 관리 방법으로 바른 것을 모두 고르시오.

① 가윗날의 예리함이 가위의 품질에서 가장 중요하며 이것을 더 길게 유지하기 위해서는 가위의 소독, 관리, 보관이 중요하다.
② 가위를 사용하기 전후 소독제를 뿌리는 것이 좋다.
③ 가윗날의 마모 및 외부충격으로 날을 A/S해야 하는 경우에는 빨리 연마를 맡기는 것이 좋다.
④ 가위를 보관할 때 가장 중요한 것은 항상 가윗날을 벌려둔 상태로 보관하는 것이다.
⑤ 사용한 다음에는 항상 날을 닦아서 보관하여 날에 미세한 상처가 생기는 것을 방지한다.

② 가위를 사용하기 전후 윤활제를 뿌리는 것이 좋음
④ 가위를 보관할 때 가장 중요한 것은 항상 가윗날을 닫힌 상태로 보관하는 것임

해설 **미용도구의 성능 점검과 보관**

가위의 관리 방법(18p)

① 볼트의 조절: 본인이 힘을 주지 않고 가위를 잡아 상하로 가위질할 때 너무 가볍거나 무겁지 않게 느껴지는 정도가 적당하다.
② 유지: 가윗날의 예리함이 가위의 품질에서 가장 중요하며 이것을 더 길게 유지하기 위해서는 가위의 소독, 관리, 보관이 중요하다. 또한 가능한 조금씩 털을 잡고 가볍게 커트하는 것이 좋다.
③ 관리

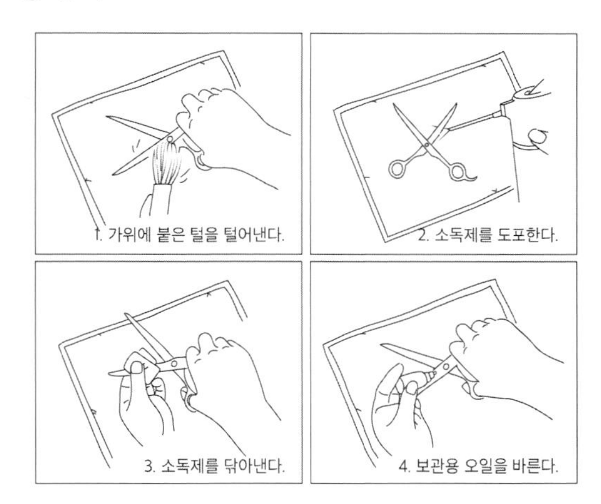

④ 날의 연마: 윗날의 마모 및 외부충격으로 날을 A/S해야 하는 경우에는 가능하면 빨리 A/S를 받아야 가위의 손상을 줄일 수 있다.
⑤ 보관
- 닫힌 상태로 보관: 항상 가윗날을 닫힌 상태로 보관한다.
- 닦아서 보관: 사용 후에는 항상 날을 닦아서 보관한다.
- 하루 일과를 다 마친 후에는 깨끗이 닦고 가위의 각 부위에 윤활제를 충분히 발라 보관한다.

정답 ①, ③, ⑤

다음 중 미용도구, 작업장, 작업복에 공통으로 사용되는 소모품을 고르시오.

① 알코올
② 윤활제
③ 소독제
④ 락스
⑤ 냉각제

해설 미용소모품의 종류 파악 및 상태 점검

미용소모품의 종류(30p)

소독제	애완동물 미용사의 손이나 작업복, 미용도구, 기자재, 작업장 등의 소독에 사용
윤활제	애완동물 미용도구, 기자재 등의 관리에 사용
냉각제	장시간 사용할 때 열이 발생하는 미용도구의 냉각에 사용

정답 ③

다음 중 <보기>에서 설명하는 도구의 명칭을 고르시오.

발톱 관리 시 출혈이 발생했을 때 사용하는 도구

① 이어파우더
② 지혈제
③ 냉각제
④ 이어클리너
⑤ 염모제

해설 미용소모품의 종류 파악 및 상태 점검

기본미용, 일반미용, 응용미용(31p)

지혈제	동물의 발톱 관리 시 출혈이 발생했을 때 지혈하는 데 사용
이어파우더	귓속의 털을 뽑을 때 털이 잘 잡히도록 하기 위해 사용
이어클리너	귀 세정제로 귀의 이물질을 제거하거나 소독하는 데 사용

정답 ②

다음 중 미용소모품 관리에 대한 설명으로 바른 것을 모두 고르시오.

① 소독제는 애완동물 미용사의 손이나 작업복, 미용도구, 기자재, 작업장 등의 소독에 사용된다.
② 윤활제는 미용도구, 기자재 등의 관리에 사용하며 도구나 기자재에 뿌리거나, 담가 보관하는 등 종류가 다양하다.
③ 냉각제는 장시간 사용할 때 열이 발생하는 미용도구의 냉각에 사용한다.
④ 냉각제는 금속류에 적합하며 장시간 사용하지 않는 제품을 담가 보관한다.
⑤ 윤활제는 열이 발생하는 도구에 사용할 수 없다.

④ 냉각제는 장시간 사용할 때 열이 발생하는 미용도구의 냉각에 사용하며 제품에 따라 도구를 부식시키는 성분이 포함된 것도 있음

⑤ 윤활제는 애완동물 미용도구, 기자재 등의 관리에 사용하며 도구나 기자재에 뿌리거나, 담가 보관하는 등 종류가 다양함

해설 **미용소모품의 종류 파악 및 상태 점검**

미용소모품의 종류(30p)

소독제	애완동물 미용사의 손이나 작업복, 미용도구, 기자재, 작업장 등의 소독에 사용
윤활제	• 애완동물 미용도구, 기자재 등의 관리에 사용 • 도구나 기자재에 뿌리거나, 담가 보관하는 등 종류가 다양함
냉각제	• 장시간 사용할 때 열이 발생하는 미용 도구의 냉각에 사용 • 제품에 따라 도구를 부식시키는 성분이 포함된 것도 있으므로 반드시 닦아서 보관해야 함

정답 ①, ②, ③

12

다음 중 미용장비에 대한 설명으로 바르지 않은 것을 모두 고르시오.

① 전동식 미용 테이블은 전력을 이용하여 높낮이를 조절한다.
② 유압식 미용 테이블은 버튼을 발로 눌러 높낮이를 조절한다.
③ 접이식 미용 테이블은 미용사의 키와 작업 스타일에 맞추어 높낮이를 조절한다.
④ 접이식 미용 테이블은 휴대하기가 간편하여 접었다 폈다 하며 높낮이를 조절한다.
⑤ 테이블 고정 암은 미용할 때 동물의 추락을 방지하기 위해 사용한다.

③ 수동식 미용 테이블은 접었다 펼 수 있게 제작된 미용 테이블로, 미용사의 키와 작업 스타일에 맞추어 높낮이를 조절함

④ 접이식 미용 테이블은 견고하고 튼튼하지는 않지만 가볍고 휴대하기가 간편하여 이동식 미용 테이블로 사용함

해설 **미용장비 관리**

미용장비의 종류(52p)

구분	설명
접이식 미용 테이블	견고하고 튼튼하지는 않지만 가볍고 휴대하기가 간편하여 이동식 미용 테이블로 사용
수동 미용 테이블	• 접었다 펼 수 있게 제작된 미용 테이블로, 애완동물 미용사의 키와 작업 스타일에 맞추어 높낮이를 조절할 수 있어 편리 • 가격이 매우 저렴하고 접어서 이동이 가능하다는 장점이 있지만, 미용을 시작하기 전에 미용하는 애완동물의 크기나 상황에 맞추어 테이블의 높이를 수동으로 조절해야 하는 불편함이 있음
유압식 미용 테이블	• 버튼을 발로 눌러 높낮이를 조절하는 미용 테이블 • 높낮이 조절이 편리하며 비교적 가격이 저렴한 장점이 있음
전동식 미용 테이블	• 전력을 이용하여 높낮이를 조절하는 미용 테이블 • 부피가 크고 가격이 비싸다는 단점이 있지만 높낮이 조절이 매우 편리하다는 장점이 있음
테이블 고정 암	테이블 위에 동물을 올려놓고 미용할 때 동물의 추락을 방지하기 위해 사용

정답 ③, ④

13

다음 중 소모품 재고관리에 대한 설명으로 바르지 않은 것을 모두 고르시오.

① 일별, 주별, 월별, 년별 소모품 평균 사용량을 체크한다.
② 소모품 보유량과 예상 사용량을 비교한다.
③ 구매처 관리대장과 거래처 관리카드를 확인하여 구매업체를 선정한다.
④ 물품의 변질 우려가 있으므로 물품은 택배로 받아선 안 된다.
⑤ 마트에서 손쉽게 구입할 수 있는 소모품 등은 직접 방문하여 구입하는 것이 편리할 수 있다.

① 일별, 주별, 월별 소모품 평균 사용량을 체크

④ 택배 발송으로 납품 받음

해설 **미용 소모품의 재고관리**

소모품의 구매 요구량을 파악하는 방법(41p)

① 일별, 주별, 월별 소모품 평균 사용량을 체크한다.
② 소모품 보유량과 예상 사용량을 비교한다.
③ 구매할 소모품의 수량을 결정한다.

소모품의 구매 절차(41p)

① 구매처 관리대장과 거래처 관리카드를 확인하여 구매업체를 선정한다.
② 전화, 메일, 팩스, 인터넷 등의 방법으로 소모품을 주문한다.
③ 구매할 소모품의 수량을 결정한다.

물품을 납품 받는 방법(42p)

① 주기적으로 담당자가 방문하여 납품한다.
② 주문 후 담당자가 직접 방문하여 납품한다.
③ 택배 발송으로 납품 받는다.
④ 직접 방문하여 구입한다.

정답 ①, ④

<보기>에서 소모품 재고관리의 수행 순서를 올바르게 나열하시오.

ㄱ. 구매하여야 할 소모품의 양을 파악한다.
ㄴ. 물품의 납품 방법을 확인한다.
ㄷ. 물품이 입고되면 구매한 내용을 확인한다.
ㄹ. 소모품의 재고를 파악하여 양식에 기록한다.
ㅁ. 미용 소모품의 재고에 변동사항이 발생할 경우에는 이를 기록한다.
ㅂ. 필요한 소모품을 구매한다.
ㅅ. 소모품 관리대장을 작성한다.
ㅇ. 정해진 결제 방법에 따라 결제를 진행한다.

① ㄹ → ㅅ → ㅁ → ㄱ → ㅂ → ㄴ → ㄷ → ㅇ
② ㅅ → ㄹ → ㄱ → ㅁ → ㅂ → ㄴ → ㄷ → ㅇ
③ ㅅ → ㄹ → ㅁ → ㄱ → ㄴ → ㅂ → ㄷ → ㅇ
④ ㅅ → ㄹ → ㅁ → ㄱ → ㅂ → ㄴ → ㄷ → ㅇ
⑤ ㅅ → ㄹ → ㅁ → ㄱ → ㅂ → ㄴ → ㅇ → ㄷ

해설 **미용 소모품의 재고관리**

소모품 재고관리 수행 순서(44p)

① 소모품 관리대장을 작성한다.
② 소모품의 재고를 파악하여 양식에 기록한다.
③ 미용 소모품의 재고에 변동사항이 발생할 경우에는 이를 기록한다.
④ 구매하여야 할 소모품의 양을 파악한다.
⑤ 필요한 소모품을 구매한다.
⑥ 물품의 납품 방법을 확인한다.
⑦ 물품이 입고되면 구매한 내용을 확인한다.
⑧ 정해진 결제 방법에 따라 결제를 진행한다.

정답 ④

미용장비의 관리에 대한 설명으로 바르지 않은 것을 고르시오.

① 미용 테이블은 주로 높고 좁으며 종류는 수동, 유압식, 전동식 등이 있다.
② 테이블 고정 암은 동물의 추락을 방지하기 위해 사용된다.
③ 드라이어의 종류에는 개인용 드라이어, 스탠드 드라이어, 룸 드라이어, 블로 드라이어 등이 있다.
④ 샤워장비 중 스파기기는 노폐물과 냄새를 제거하는 효과가 탁월하다.
⑤ 소독과 건조기능을 함께 갖춘 소독기기는 가열살균이나 약제 소독에 비해 소독시간이 오래 걸린다.

⑤ 소독과 건조기능을 함께 갖춘 소독기기는 가열살균이나 약제 소독에 비해 소독시간이 짧기 때문에 사용이 간편함

해설 **미용장비 유지·보수하기**

미용장비 관리(52p)

미용 테이블	주로 높고 좁으며 종류는 수동, 유압식, 전동식 등이 있음
테이블 고정 암	동물의 추락을 방지하기 위해 사용
드라이어	종류는 개인용 드라이어, 스탠드 드라이어, 룸 드라이어, 블로 드라이어 등이 있음
샤워장비	목욕조와 스파기기가 있으며 스파기기는 노폐물과 냄새를 제거하는 효과가 탁월함
온수기	전기온수기와 가스온수기를 주로 사용하며 온수를 공급하는 장치
소독기기	자외선을 이용하여 살균하는 기계로, 애완동물의 미용도구 소독에 사용

정답 ⑤

미용장비 소독과 성능 점검에 대한 설명으로 바른 것을 모두 고르시오.

① 테이블 상판, 지지대, 도구 바구니의 털을 털어 내고 소독한다.
② 드라이어 흡입구의 이물질을 제거하고 온도에 이상이 있는지 점검한다.
③ 드라이어 바람의 세기와 온도에 이상이 있는지 점검한다.
④ 룸 드라이어의 필터를 꺼내서 먼지를 털고 물 세척이 가능한 곳은 세척하여 건조시킨다.
⑤ 목욕조의 털 거름용기의 이물질을 제거한다.

해설 **미용장비 유지·보수하기**

미용 테이블(59p)

수동식 미용 테이블	• 테이블을 청소하고 소독한다. - 테이블 상판의 털을 털어내고 소독한다. - 테이블 지지대의 털을 털어내고 소독한다. - 테이블에 도구 바구니가 설치된 경우에는 바구니의 털을 털어내고 소독한다. • 테이블 상판의 미끄럼 방지판에 이상이 있는지 점검한다. • 테이블의 접이 부분에 이상이 있는지 점검한다. • 테이블의 높낮이 조절 부위에 이상이 있는지 점검한다. • 테이블의 받침대에 이상이 있는지 점검한다. • 테이블이 흔들림 없이 단단히 고정되었는지 점검한다.
유압식 미용 테이블	• 테이블을 청소하고 소독한다. - 테이블 상판의 털을 털어내고 소독한다. - 테이블 지지대와 높이 조절용 버튼 등의 털을 털어내고 소독한다. • 테이블 상판의 미끄럼 방지판에 이상이 있는지 점검한다. • 테이블 상판의 연결 부위가 흔들리지 않는지 확인한다. • 유압 장치를 눌러 테이블의 높낮이 조절에 이상이 있는지 점검한다.
전동식 미용 테이블	• 테이블을 청소하고 소독한다. - 테이블 상판의 털을 털어내고 소독한다. - 테이블 하부를 소독한다. • 테이블 상판의 미끄럼 방지판에 이상이 있는지 점검한다. • 테이블이 흔들림 없이 잘 설치되어 있는지 확인한다. • 테이블의 높낮이 조절 버튼을 눌러 높낮이 조절에 이상이 있는지 점검한다.

드라이어(60p)

개인용 드라이어	• 흡입구의 이물질을 제거한다. • 바람의 세기와 온도에 이상이 있는지 점검한다.
스탠드 드라이어	• 흡입구의 이물질을 제거한다. • 스탠드 부위가 흔들리지 않는지 확인한다. • 바람의 세기와 온도에 이상이 있는지 점검한다.
룸 드라이어	• 룸 드라이어의 내부를 청소하고 소독한다. - 발판과 물 받침대를 청소하고 소독한다. - 내부 벽면의 털을 털어내고 제거한다. - 내부 벽면을 소독한다. - 외부에서 보이는 유리문은 시야가 깨끗하도록 닦는다. • 룸 드라이어의 외부를 청소하고 소독한다. - 룸 드라이 상판의 털을 털어낸다. - 외부에 붙은 털을 털어낸다. - 외부 벽면을 소독한다. - 외부에서 보이는 유리문은 시야가 깨끗하도록 닦는다. • 공기 필터를 청소하고 소독한다. - 공기 필터를 꺼낸다. - 공기 필터의 털과 먼지를 털어낸다. - 물세척이 가능한 부분은 물세척을 한다. - 필터를 건조시킨다. - 건조된 필터를 장착한다.

룸 드라이어	• 발판에 이상이 있는지 점검한다. • 물 받침대에 이상이 있는지 점검한다. • 공기 필터의 오염도와 파손 여부를 확인한다. - 오염이 심하거나 파손된 경우에는 교체한다. - 사용기한이 경과된 경우에는 교체한다. • 적외선램프가 장착된 제품은 램프에 이상이 있는지 점검한다. • 타이머에 이상이 있는지 점검한다. • 바람의 세기와 온도에 이상이 있는지 점검한다.
블로 드라이어	• 흡입구의 이물질을 제거한다. • 블로 호스가 손상되지 않았는지 확인한다. • 블로를 스탠드에 연결해 사용하는 제품은 스탠드가 흔들리거나 손상되지 않았는지 점검한다.

샤워 장비(61p)

목욕조 (수도꼭지 및 샤워기)	• 수도꼭지에 이물질을 닦아낸다. • 물이 흐르도록 작동시켜 수도꼭지의 이상 유무를 확인한다. • 목욕조 털 거름용기의 이물질을 제거한다. • 미끄럼 방지 장치의 이상 유무를 확인한다. • 물이 흐르도록 작동시켜 물빠짐 상태의 이상 유무를 확인한다.
스파기기	• 가스를 사용하는 스파기기는 가스 실린더와 가스 조정기의 압력을 확인한다. • 스파기기의 노즐에 이상이 있는지 확인한다. • 기기를 작동시켜 정상적으로 작동하는지 점검한다.

온수기(62p)

전기온수기	• 물을 틀어 온수의 공급 상태가 원활한지 확인한다. • 전기선과 콘센트 연결 부위에 이상이 있는지 확인한다.
가스온수기	• 물을 틀어 온수의 공급 상태가 원활한지 확인한다. • 가스밸브에 이상이 있는지 점검한다. • 점검이 완료되면 가스 밸브를 반드시 잠근다.

정답 ①, ②, ③, ④, ⑤

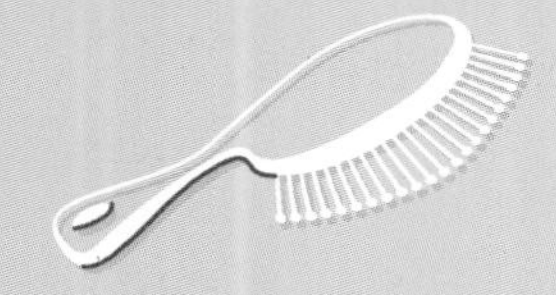

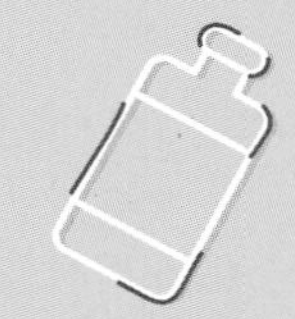

CHAPTER 03

애완동물미용 고객상담

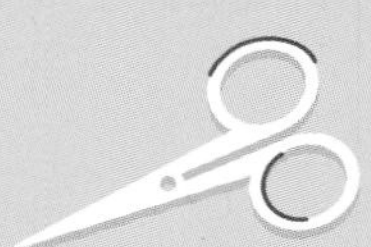

다음 중 불만고객 응대 과정으로 바르지 않은 것을 고르시오.

① 문제 경청
② 1차 동감 및 이해
③ 해결방법 제시
④ 불만 표시
⑤ 2차 동감 및 이해

해설 **상담환경 조성과 응대**

불만고객 응대(6p)

불만고객은 빠르게 응대하지 않으면 더 큰 불만을 호소하거나 나쁜 소문을 퍼뜨리는 계기가 되므로 최대한 고객의 요구사항을 귀 기울여 듣고 해결 방안을 제시해준다.

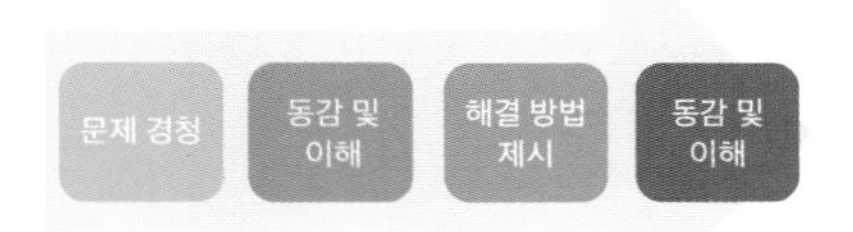

정답 ④

인사 예절과 화법 중 바르지 않은 것을 고르시오.

① 표정: 눈을 마주보며 밝은 미소로 인사를 하여 신뢰감을 높인다.
② 호칭: "고객님", "○○보호자님" 등의 상황과 상대에 알맞은 호칭을 사용한다.
③ 목소리: 낮은 음성으로 신뢰를 갖게 한다.
④ 긍정적 화법: "죄송합니다.", "괜찮으시겠어요?"와 같은 화법을 사용하여 가능한 방법을 안내한다.
⑤ 불만고객 응대: 문제 경청 → 동감 및 이해 → 해결방법 제시 → 동감 및 이해 순으로 해결한다.

③ 목소리: 고객에게는 최대한 밝고 생기 있는 목소리로 응대

해설 **상담환경 조성과 응대**

인사 예절과 화법(4p)

표정	눈을 마주보며 밝은 미소로 인사를 하여 신뢰감을 높임
호칭	"고객님", "○○보호자님" 등의 상황과 상대에 알맞은 호칭을 사용
목소리	고객에게는 최대한 밝고 생기 있는 목소리로 응대
긍정적 화법	"죄송합니다.", "괜찮으시겠어요?"와 같은 화법을 사용하여 가능한 방법을 안내
불만고객 응대	문제경청 → 동감 및 이해 → 해결방법 제시 → 동감 및 이해 순으로 해결

정답 ③

03

상담환경 조성의 내용으로 바른 것을 모두 고르시오.

① 상담을 기다리거나 미용을 기다리는 중 지루하지 않도록 스타일북이나 관련 정보지들을 비치한다.
② 경쾌한 음악으로 즐거운 분위기를 조성한다.
③ 숍에 긍정적 기억을 가지도록 애완동물의 대기공간에서 간식을 주거나 놀이를 하는 등 좋은 연관을 가지게끔 안내한다.
④ 고양이는 개보다 환경에 예민하기에 고양이 전용 대기실을 조성한다.
⑤ 고양이 대기실에 고양이가 좋아하는 아스파라거스를 사용한다.

② 숍 내부에는 잔잔한 선율의 음악을 틀어 안정감을 줄 수 있도록 함

⑤ 고양이 대기실에 고양이가 좋아하는 박하류 허브인 캣닙(개박하)을 사용할 수도 있음

해설 **상담환경 조성과 응대**

상담환경 조성(7p)

대기시간 관리	• 상담을 기다리거나 미용을 기다리는 중에도 지루하지 않도록 미용 스타일북이나 애완동물 관련 정보지 등 읽을거리를 비치 • 공간과 시간에 여유가 있다면 차나 다과를 준비하거나 대접
음악	숍 내부의 기계 소리와 낯선 환경으로 애완동물이 불안감을 느끼므로 외부의 소음을 차단하고 숍 내부에는 잔잔한 선율의 음악을 틀어 안정감을 줄 수 있도록 함
긍정적 조건 형성을 위한 기억 만들기	애완동물 숍에서는 애완동물이 긍정적인 기억을 가질 수 있도록 대기공간에서 간식을 주거나 놀이를 하는 등의 좋은 연관을 가지게끔 고객에게 안내
고양이가 좋아하는 식물	• 고양이는 개보다 더 변화된 환경에 예민하게 반응하므로 가능하면 고양이 전용 대기실을 따로 조성하는 것이 좋지만, 공간의 여유가 없다면 최대한 가려져 있고 조용하며 안정된 공간에서 대기할 수 있도록 함 • 이때 고양이가 좋아하는 박하류 허브인 캣닙(개박하)을 사용할 수도 있음

정답 ①, ③, ④

04

고객과 애완동물이 불쾌감을 느끼지 않도록 하는 환경위생 관리에 대한 설명으로 바른 것을 모두 고르시오.

① 숍 내·외부의 고객과 애완동물에게 위해를 줄 수 있는 물품은 정리한다.
② 배변, 배뇨는 신속히 처리하도록 위생용품을 비치한다.
③ 탈취제를 준비하고 수시로 관리하여 모두에게 쾌적하고 안정감을 가질 수 있도록 아로마 발향을 한다.
④ 일일 점검표를 활용하여 수시로 점검한다.
⑤ 라벤다 향은 애완동물의 신경안정과 살균에 효과가 있다.

해설 **상담환경 조성과 응대기법 사용하기**

고객과 애완동물이 불쾌감을 느끼지 않도록
애완동물 숍 대기실 환경위생 관리(10p)

① 숍 내·외부에 고객과 애완동물에게 위해를 줄 수 있는 물품은 정리한다.
② 애완동물의 배변·배뇨는 신속히 처리할 수 있도록 위생 용품을 비치한다.
③ 탈취제를 준비하고 수시로 관리하여 애완동물과 고객 모두가 쾌적하고 안정감을 가질 수 있도록 아로마 발향을 한다.
④ 일일 점검표를 활용하여 수시로 점검한다.
⑤ 라벤다 향은 애완동물의 신경 안정, 진통, 살균에 효과가 있다.
⑥ 재스민 향은 애완동물의 긴장 완화와 우울증에 효과가 있다.

정답 ①, ②, ③, ④, ⑤

05

불만고객 응대의 순서를 <보기>에서 올바르게 나열하시오.

> ㄱ. 고객의 불편함에 대해 끝까지 진지하게 경청하고 구체적 원인을 파악한다.
> ㄴ. 고객의 마음에 공감을 표현하고 정중하게 잘못에 대해 다시 동감한다. 또한 불만요소 표현에 감사를 표한다.
> ㄷ. 부드러운 표현으로 해결방법을 제시하고 최선의 방법을 성의껏 설명한다.
> ㄹ. 진심어린 말투로 고객의 입장에 충분히 동감하고 있다는 것을 이야기한다.

① ㄱ → ㄴ → ㄷ → ㄹ
② ㄱ → ㄷ → ㄹ → ㄴ
③ ㄱ → ㄹ → ㄷ → ㄴ
④ ㄴ → ㄹ → ㄷ → ㄱ
⑤ ㄹ → ㄷ → ㄱ → ㄴ

해설 **상담환경 조성과 응대기법 사용하기**

고객의 불만사항이 발생했을 때 응대 순서(16p)

① 고객의 불편함에 대해 끝까지 진지하게 경청하고 구체적 원인을 파악한다.
② 진심어린 말투로 고객의 입장에 충분히 동감하고 있다는 것을 이야기한다.
③ 부드러운 표현으로 해결방법을 제시하고 최선의 방법을 성의껏 설명한다.
④ 고객의 마음에 공감을 표현하고 정중하게 잘못에 대해 다시 동감한다. 또한 불만요소 표현에 감사를 표한다.

정답 ③

애완동물의 특성을 파악하는 방법으로 바른 것을 모두 고르시오.

① 애완동물의 행동을 파악한다.
② 피모 상태를 확인한다.
③ 신체 건강에 문제가 있는지 눈으로 확인한다.
④ 신체 건강에 문제가 있는지 만져보고 확인한다.
⑤ 애완동물의 개체 특성을 파악하여 미용 후 고객에게 설명한다.

⑤ 애완동물의 개체 특성을 파악하여 미용 전 고객에게 설명

해설 **애완동물의 개체 특성 파악하기**

애완동물의 개체 특성을 파악하여 고객과 상담(29p)

① 애완동물이 개별로 가지고 있는 신체 건강상의 문제와 행동 양식, 피모의 특징을 파악하여 미용 작업 시의 위험 상황에 대비하고, 미용 전 고객에게 설명할 수 있도록 확인한다.
② 애완동물의 행동과 피모 상태, 신체 건강에 문제가 있는지 눈으로 보고 확인한다.
③ 불안정한 자세, 잘못된 걸음걸이 등 장애 요인이 보이면 고객에게 안내한다.
④ 불안정 심리 상태 등으로 생길 수 있는 사고에 대해 고객에게 안내한다.
⑤ 애완동물의 행동과 피모 상태, 신체 건강에 문제가 있는지 만져보고 확인한다.

정답 ①, ②, ③, ④

다음 중 <보기>와 같은 고양이의 행동을 올바르게 파악한 것을 고르시오.

몸과 꼬리가 웅크려진 상태로 귀는 쫑긋 세우고 주변의 소리를 듣는다.

① 매우 두려움
② 편안함
③ 무서움
④ 걱정
⑤ 짜증

해설 **상담환경 조성과 응대**

고양이의 행동 파악하는 방법(24p)

무서움	등을 위쪽으로 세우고 꼬리를 내린다.	
두려움	몸과 꼬리를 웅크리고 귀가 접힌 상태로 털이 세워져 있다.	
걱정	몸과 꼬리가 웅크려진 상태로 귀는 쫑긋 세우고 주변의 소리를 듣는다.	
불안	꼬리가 처져 있고 귀를 세워 조심스럽게 움직인다.	
경계	몸과 꼬리를 웅크리고 귀가 접힌 상태로 '하악' 소리를 낸다.	
짜증	꼬리를 탁탁 치면서 불쾌함을 표현한다.	
매우 두려움	몸 전체와 꼬리를 세우고 '하악' 소리를 내며 다가오지 못하도록 위협한다.	

호기심	귀를 세우고 천천히 걸으며 탐색한다.
집중	등과 귀를 세우고 꼬리 끝과 몸 전체를 긴장한 상태로 유지한다.
친근함	등과 귀를 세우고 꼬리를 말아 편안하게 앉아 있다.
만족	몸을 편안하게 눕는다.
편안함	몸 전체를 늘어뜨린다.
믿음	몸 전체를 늘어뜨린 채 뒤집는다.

정답 ④

다음 중 고객 관리차트 작성에 해당하지 않는 내용을 고르시오.

① 고객정보 기록하기
② 애완동물의 정보 기록하기
③ 미용 스타일 기록하기
④ 기록 정리와 갱신하기
⑤ 예약시간 기록하기

해설 **차트 작성 매뉴얼 구성**

고객 관리차트 작성요령(38p)

① 고객정보 기록하기
② 애완동물의 정보 기록하기: 애완동물의 이름, 품종, 나이, 중성화 수술 여부, 과거, 병력 등을 간단히 기록한다.
③ 미용 스타일 기록하기: 작업 전후에는 반드시 스타일을 기록하여 다음 작업을 할 때 고객과 원활한 소통이 이루어질 수 있도록 한다.
④ 기록 정리와 갱신하기: 고객의 개인정보와 애완동물의 신체 건강상의 정보는 변동이 있을 수 있으므로 작업 전 반드시 확인하여 다른 부분을 발견하면 고객에게 확인하고 다시 작성한다.
⑤ 미용 관리차트 작성하기

정답 ⑤

다음 중 쿠션화법에 해당하는 응대법을 모두 고르시오.

① 고객님 죄송합니다. 다시 한번 말씀해 주시겠습니까?
② 찾는 물건이 없습니다.
③ 잠시만 기다려주세요.
④ 죄송합니다. 당일 예약이 어려운데 내일은 시간이 안 되시나요?
⑤ 안녕하세요. 필요한 용품 있으신가요?

해설 **차트 작성 매뉴얼 구성**

쿠션화법 사용하기(41p)

① 고객과의 대화에 단답형으로 응대한다면 차가운 느낌을 받을 것이므로 상대방을 의도치 않게 당황하게 만들고 그 다음 응대가 어렵다면 '죄송합니다만', '고맙습니다만', '번거로우시겠지만', '바쁘시겠지만' 등의 단어를 사용한다.
② 고객과의 관계를 부드럽고 만족스러운 관계로 증진시키는 응대 방법이다.

개념+ **쿠션 화법을 사용한 전화 응대**

미숙한 전화 응대	쿠션 화법을 사용한 전화 응대
"네? 뭐라고요? 잘 안 들려요!"	"고객님 죄송합니다. 다시 한 번 말씀해 주시겠습니까?"
"잠시만, 잠시만요"	"잠시만 기다려 주시겠습니까? 확인 후 말씀드리겠습니다."
"오늘은 예약이 안 되는데요"	"죄송합니다. 당일 예약이 어려운데 내일 시간은 안 되시나요."
"찾는 물건이 없습니다."	"번거로우시겠지만 오늘 주문하면 다음 주에 도착하는데 그때까지 괜찮으신가요?"

정답 ①, ④

다음 중 전화 받을 때의 요령으로 바르지 않은 것을 고르시오.

① 메모지와 미용 예약 장부를 옆에 준비해둔다.
② 전화벨이 3번 이상 울리기 전에 받는다.
③ 환한 미소와 밝은 목소리로 받는다.
④ 인사와 소속과 성명을 밝힌다.
⑤ 고객의 정보를 충분히 기록한다.

해설 **차트 작성 매뉴얼 구성**

전화 받을 때의 요령(41p)

① 메모지와 미용 예약 장부를 전화기 옆에 늘 준비한다.
② 전화벨이 3번 이상 울리기 전에 받는다.
③ 환한 미소와 밝은 목소리로 받는다.
④ 인사와 소속과 성명을 밝힌다.
⑤ 고객의 말을 적극적으로 경청한다.
⑥ 고객이 필요한 만큼 정보를 제공한다.
⑦ 고객의 입장과 상황을 배려하여 정중히 받는다.
⑧ 고객보다 먼저 끊지 않는다.

정답 ⑤

애완동물의 상태를 확인할 때 기초 신체검사에 해당하는 것을 모두 고르시오.

① 체중 체크
② 체온 체크
③ 눈, 귀, 구강 상태 체크
④ 걸음걸이 체크
⑤ 피모 상태 체크

해설 **애완동물의 피모와 건강 상태 확인**

기초 신체검사(49p)

① 체중 체크
② 체온 체크
③ 건강 상태 확인: 눈, 귀, 구강, 전신 상태
④ 걸음걸이 체크

정답 ①, ②, ③, ④

애완동물의 피모 상태를 파악하고 고객에게 안내할 때의 상황으로 바르지 않은 것을 고르시오.

① 애완동물의 털 엉킴을 확인한다.
② 엉킴이 오래되어 발적, 탈모, 피부염, 부스럼과 딱지가 생겼는지 확인한다.
③ 엉킴 상태를 확인하고 작업 후 예상되는 피부병을 안내해준다.
④ 애완동물의 피부 상태를 확인한다.
⑤ 피부의 염증, 발적, 탈모 등이 보인다면 미리 안내하여 미용 전후로 진료를 받도록 안내한다.

③ 엉킴 상태를 확인하고 작업 후 예상되는 피부 상태를 안내해줌

해설 **애완동물의 상태 확인하기**

애완동물의 피모 상태를 확인하고 고객에게 안내(56p)

① 애완동물의 털 엉킴을 확인한다.
② 엉킴이 오래되어 발적, 탈모, 피부염, 부스럼과 딱지가 생겼는지 확인한다.
③ 엉킴 상태를 확인하고 작업 후 예상되는 피부병을 안내해준다.
④ 애완동물의 피부 상태를 확인한다.
⑤ 애완동물에게 피부의 염증, 발적, 탈모, 피모의 분비물, 낙설, 부스럼과 딱지 등이 보인다면 미리 고객에게 안내하여 미용 전후로 수의사의 진료를 받도록 안내한다.

정답 ③

다음 중 전화 응대의 4원칙으로 바르지 않은 것을 고르시오.

① 정확
② 친절
③ 토론
④ 예의
⑤ 신속

해설 **차트 작성 매뉴얼 구성**

전화 응대 요령(40p)

애완동물 숍의 첫인상이 될 수 있는 전화 응대는 고객 응대 서비스에서 가장 중요하다. 정확한 표현을 사용하지 않고 무성의하게 답변하거나 빠르게 이야기한다면 고객에게 불만요소가 발생할 수 있다.

정답 ③

미용 동의서 작성 시의 방법으로 바르지 않은 것을 모두 고르시오.

① 체장 · 체고 사이즈를 기록한다.
② 접종과 건강 검진의 유무를 확인한다.
③ 과거 또는 현재의 병력을 기록한다.
④ 미용 후 스트레스로 인한 2차적인 증상이 나타날 수 있음을 안내한다.
⑤ 사납거나 무는 동물의 경우에는 보호자 동의하에 물림방지 도구를 사용할 수 있음을 안내한다.

① 체장 · 체고 사이즈는 미용 동의서 작성 시의 해당 사항은 아님
⑤ 사납거나 무는 동물의 경우에는 물림방지 도구를 사용할 수 있음을 미리 안내

해설 **애완동물의 피모와 건강 상태 확인**

미용 동의서 작성 요령(51p)

① 접종과 건강 검진의 유무를 확인한다.
② 과거 또는 현재의 병력을 기록한다.
③ 미용 후 스트레스로 인한 2차적인 증상이 나타날 수 있음을 안내한다.
④ 미용 작업 중 불가항력적인 가능성을 충분히 설명한다.
⑤ 경계심이 강하고 예민한 동물에게는 쇼크나 경련 등의 증상이 나타날 수 있음을 안내한다.
⑥ 사납거나 무는 동물의 경우에는 물림방지 도구를 사용할 수 있음을 미리 안내한다.

정답 ①, ⑤

다음 중 요금 안내 상담에 대한 설명으로 바르지 않은 것을 모두 고르시오.

① 요금은 정산할 때 안내한다.
② 책정된 요금은 고객이 이해하기 쉽게 설명하고 동의를 구해야 한다.
③ 비용이 추가될 경우 정산할 때 안내한다.
④ 많이 엉켰을 경우 엉킴 추가에 대한 사전설명을 해야 한다.
⑤ 입질이 있을 경우 추가비용 혹은 미용 중단에 대한 설명을 해야 한다.

① 애완동물의 미용 작업 전 요금과 관련한 상담을 하지 않으면 작업 후 요금을 정산할 때 고객과 불필요한 마찰이 생기거나 고객이 불만족한 상태로 요금을 지불할 수 있음
③ 비용이 추가될 수 있는 예상되는 상황에 대해서는 미리 안내함

해설 **미용 디자인과 요금 상담**

요금 안내(63p)

① 애완동물의 미용 작업 전 요금과 관련한 상담을 하지 않으면 작업 후 요금을 정산할 때 고객과 불필요한 마찰이 생기거나 고객이 불만족한 상태로 요금을 지불할 수 있다.
② 책정된 요금을 고객에게 안내하고 이해하기 쉽게 설명하며 동의를 구해야 서비스에 만족할 수 있다.
③ 미용 가격은 체중, 품종, 크기, 털 길이, 미용 기법, 엉킴 정도, 지역과 애완동물 숍 전문성 등에 따라 달라지므로 미용에 소요되는 시간을 기준으로 책정한다.
④ 비용이 추가될 수 있는 예상되는 상황에 대해서는 미리 안내한다.

정답 ①, ③

16

다음 중 적절한 작업자 상담 시의 대화로 바르지 않은 것을 고르시오.

① "과거 미용 후에 초롱이가 힘들어하지 않았나요?"
② "초롱이가 좀 엉켜서 당연히 엉킴 추가 되시는 것 아시죠?"
③ "특별히 제가 신경 써야 하는 특이사항이 있을까요?"
④ "궁금하신 점 있으시면 편하게 말씀해주세요."
⑤ "저번에 했던 스타일로 동일하게 진행해드릴까요?"

해설 **미용 디자인과 요금 상담하기**

최근 작업한 미용 스타일의 만족도 확인(69p)

"마지막에 했던 미용 스타일은 어떠셨나요?"
"과거 미용 후에 애지가 불편해하지는 않았나요?"
"지난번에 부족하다고 느꼈던 부분이 있으셨나요?"

선호하는 미용 스타일 파악

"생각하신 스타일이 있으신가요?"
"특별히 신경 써야 할 부분이 있나요?"
"저번에 했던 스타일로 동일하게 진행할까요?"

애완동물이 사용하는 제품 파악

"피모가 건조한 편인데 보습 샴푸를 사용하고 있나요?"
"예민한 피부라고 하셨는데 천연 제품을 사용해 본 적이 있으신가요?"

정답 ②

17

미용 디자인과 요금 상담에 대한 내용으로 바른 것을 모두 고르시오.

① 스타일북을 제작한다.
② 요금표를 제작한다.
③ 고객관리 차트를 활용하여 미용 스타일을 확인한다.
④ 고객이 요구하는 미용 스타일을 파악한다.
⑤ 스타일 시 발생되는 추가요금을 안내한다.

해설 **미용 디자인과 요금 상담하기**

미용 디자인과 요금 상담의 순서(65p)

① 스타일북을 제작한다.
② 요금표를 제작한다.
③ 고객관리 차트를 활용하여 미용 스타일을 확인한다.
④ 고객이 요구하는 미용 스타일을 파악한다.
⑤ 스타일북을 활용하여 고객에게 스타일을 안내한다.
⑥ 고객에게 요금을 제시한다.

정답 ①, ②, ③, ④

미용 후 고객 상담에 대한 내용으로 바르지 않은 것을 모두 고르시오.

① 고객 만족도를 확인한다.
② 고객에게 피드백을 받는다.
③ 미용 작업 중 발생할 수 있는 상황에 대해 고객에게 설명한다.
④ 애완동물의 기저질환 유무를 확인한다.
⑤ 작업시간의 지연 시 정확하게 안내한다.

③ 미용 작업 중 발생한 애완동물의 행동을 설명함

④ 애완동물의 기저질환 유무는 미용 후 고객 상담에 해당하는 사항이 아님

해설 **미용 후 상담하기**

미용 후 상담 순서(80p)

① 미용 작업에 대한 만족도를 확인한다.
② 작업시간의 지연 시 정확하게 안내한다.
③ 미용 전후로 애완동물의 상태가 달라진 부분이 있다면 설명한다.
④ 미용 중 발생한 애완동물의 행동을 설명한다.
⑤ 미용 후 발생할 수 있는 신체 건강상의 변화를 안내한다.
⑥ 미용 후 관리 방법을 안내한다.
⑦ 고객에게 피드백을 받는다.

정답 ③, ④

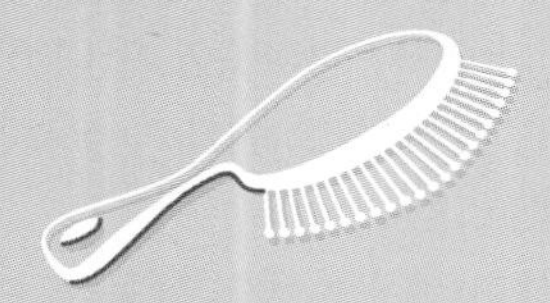

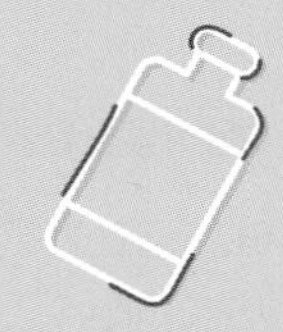

CHAPTER 04

애완동물 목욕

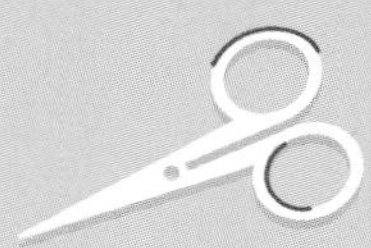

다음 중 브러싱의 효과로 바르지 않은 것을 고르시오.

① 털갈이 시기 관리의 기본이다.
② 털의 관리 상태, 건강 상태, 기생충과 이물질의 점검 등을 관리할 수 있다.
③ 신진대사와 혈액순환이 촉진되어 건강한 털을 유지할 수 있다.
④ 애완동물과 작업자 사이에 친숙함이 형성된다.
⑤ 목욕 전보다 목욕 후의 브러싱이 중요하다.

⑤ 목욕 전에 브러싱으로 엉킨 털을 점검하는 것이 중요함

해설 **브러싱**

브러싱의 효과(3p)

① 피부에 적당한 자극을 주어 신진대사와 혈액순환이 촉진되어 건강한 털을 유지한다.
② 털의 관리 상태, 건강 상태, 기생충과 이물질의 점검 등을 관리한다.
③ 털갈이 시기 관리의 기본으로 한다.
④ 애완동물과 작업자 사이에 친숙함을 형성한다.

정답 ⑤

다음 중 목욕 전에 빗질을 해야 하는 이유로 바르지 않은 것을 고르시오.

① 드라잉을 수월하게 할 수 있다.
② 겉털은 잘 빗겨진 것처럼 보이지만 털을 갈라 속털을 보면 엉켜 있는 것을 볼 수 있다.
③ 산책 시 털에 붙어온 입 주변 오물, 눈과 항문, 생식기 주변의 분비물을 제거할 수 있다.
④ 드라이 시간을 줄일 수 있다.
⑤ 목욕 후에만 브러싱을 해도 무방하다.

⑤ 목욕 전에 브러싱을 해야 함

해설 **브러싱**

목욕 전에 빗질을 해야 하는 이유(3p)

① 개는 산책 시 털에 붙어 온 풀과 씨앗, 음식 섭취로 입 주변의 오물, 눈과 항문, 생식기 주변의 분비물이 목욕물에 엉킨 털과 뭉쳐 젖으면 털이 더욱 단단한 상태가 되어 브러싱이 어려워지고, 드라이 시간이 길어지며 개체와 작업자가 모두 힘든 상황이 생긴다.
② 이를 방지하기 위해 반드시 목욕 전에 브러싱으로 점검하는 것이 필요하다.
③ 브러싱이 충분히 되면 드라잉을 수월하게 할 수 있다.

정답 ⑤

다음 <보기>에서 브러싱의 순서가 올바르게 나열된 것을 고르시오.

ㄱ. 피부와 털의 상태를 점검한다. ㄴ. 찰과상에 주의하여 빗질한다. ㄷ. 개체의 특징을 파악한다. ㄹ. 피부 손상과 털의 끊김에 주의하여 빗질한다. ㅁ. 엉킨 부위를 콤으로 점검한다.

① ㄱ → ㄷ → ㄹ → ㄴ → ㅁ
② ㄷ → ㄱ → ㄴ → ㄹ → ㅁ
③ ㄷ → ㄱ → ㄹ → ㄴ → ㅁ
④ ㄷ → ㅁ → ㄹ → ㄴ → ㄱ
⑤ ㄹ → ㄱ → ㄷ → ㄴ → ㅁ

해설 **브러싱**

브러싱의 순서(4p)

① 개체의 특징을 파악한다.
② 피부와 털의 상태를 점검한다.
③ 피부 손상과 털의 끊김에 주의하여 빗질한다.
④ 찰과상에 주의하여 빗질한다.
⑤ 엉킨 부위를 콤으로 점검한다.

정답 ③

04

다음 중 <보기>는 털의 무엇에 대한 설명인지 고르시오.

> 짧은 털로 주모가 바로 설 수 있게 도와주며, 보온기능과 피부 보호의 역할을 한다.

① 부모
② 진피
③ 피지선
④ 모낭
⑤ 입모근

해설 **브러싱**

피부와 털(4p)

구분	설명
주모 (Primary hair)	길고 굵으며 뻣뻣함
표피 (Epidermis)	피부의 외층 부분으로, 개와 고양이의 표피는 털이 있는 부위가 얇음
진피(Dermis)	입모근, 혈관, 임파관, 신경 등이 분포함
입모근 (Arretor pili muscle)	불수의근으로 추위, 공포를 느꼈을 때 털을 세울 수 있는 근육
피하지방 (Subcutaneous fat)	피부 밑과 근육 사이의 지방으로 피부 밑과 근육 사이에 분포
피지선 (Sebaceous gland)	털이 난 피부 부위에 분포하며 물리·화학적 장벽을 형성하고 피지는 항균 작용과 페로몬 성분을 함유함
땀샘 (Sweat gland)	아포크린선(Apocrine gland)은 꼬인 낭(주머니) 형태 또는 관 형태로 털이 나 있는 모든 피부에 분포하며 비경에는 분포하지 않음
부모 (Secondary hair)	짧은 털로 주모가 바로 설 수 있게 도와주며 보온기능과 피부 보호의 역할을 함
모낭(Papilla)	모근을 싸고 있는 주머니 형태의 구조물로 털을 보호하고 단단히 지지함

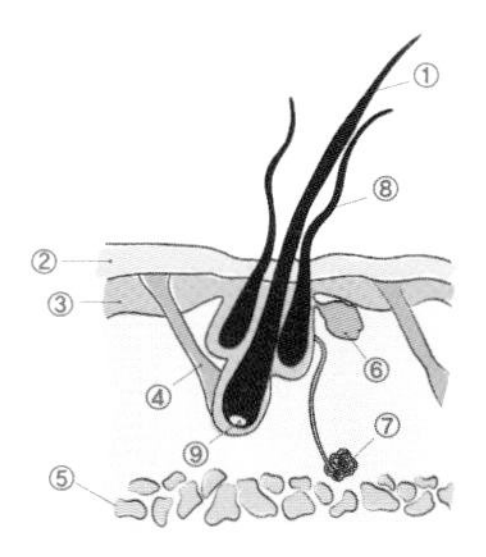

① 주모 [Primary(quard) hair]
② 표피 [Epidermis]
③ 진피 [Dermis]
④ 입모근 [Arrector pili]
⑤ 피하지방 [Subcutaneous fat]
⑥ 피지선 [Sebaceous gland]
⑦ 땀샘 [Sweat gland]
⑧ 부모 [Secondary hair(undercoat)]
⑨ 모낭 [Papilla]

<피부의 구조와 명칭>

정답 ①

다음 중 털 주기에 영향을 주지 않는 것을 고르시오.

① 광주기
② 영양
③ 호르몬
④ 발정기
⑤ 유전자

해설 **브러싱**

털 주기(6p)

① 털은 각각 다른 성장주기를 갖으며 이를 털 주기라고 한다.
② 광주기, 주위 온도, 영양, 호르몬, 전신 건강 상태, 유전자 등에 의해 제어된다.
③ 일반적으로 태아기에 형성되어 출생 후 약 3개월령까지 가지고 있는 배내털이 빠지며 성체의 털로 새로 나게 되는 털갈이가 있다.
④ 암컷의 경우에는 출산 후에 호르몬의 변화로 생기는 털갈이가 있다.
⑤ 털 주기에 따른 분류
- 모자이크 타입(Mosaic type): 각기 다른 털 주기를 갖는 타입으로, 대부분의 개와 고양이의 털갈이가 여기에 해당한다.
  예 요크셔테리어, 몰티즈
- 싱크로니스틱 타입(Synchronistic type): 전체의 털 주기가 일치하는 타입으로, 봄·가을에 털갈이가 진행된다.
  예 진돗개

정답 ④

06

다음 중 싱크로니스틱 타입에 해당하는 견종을 고르시오.

① 치와와
② 요크셔테리어
③ 폭스테리어
④ 진돗개
⑤ 코카스파니엘

해설 **브러싱**

문제 05번 해설 참조

정답 ④

다음 <보기>에서 브러싱의 순서가 올바르게 나열된 것을 고르시오.

ㄱ. 머리와 귀를 빗질한다. ㄴ. 배와 엉덩이를 빗질한다. ㄷ. 몸통과 사지를 빗질한다. ㄹ. 엉킨 곳이 남아있는지 콤으로 점검한다. ㅁ. 꼬리를 빗질한다.

① ㄱ → ㄷ → ㄴ → ㄹ → ㅁ
② ㄱ → ㄷ → ㄴ → ㅁ → ㄹ
③ ㄱ → ㄷ → ㅁ → ㄴ → ㄹ
④ ㄷ → ㄱ → ㄴ → ㅁ → ㄹ
⑤ ㄹ → ㄱ → ㄷ → ㄴ → ㅁ

해설 **빗질하기**

브러싱 순서(10p)

① 머리와 귀를 빗질한다.
② 몸통과 사지를 빗질한다.
③ 배와 엉덩이를 빗질한다.
④ 꼬리를 빗질한다.
⑤ 엉킨 곳이 남아있는지 콤으로 점검한다.
⑥ 점검 후 엉킨 곳을 빗질하여 풀어준다.

정답 ②

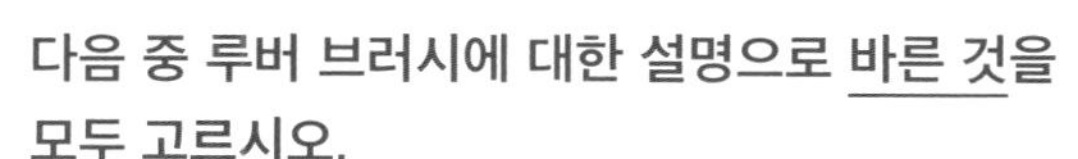

다음 중 루버 브러시에 대한 설명으로 바른 것을 모두 고르시오.

① 동물의 털로 만들어진 빗이다.
② 목욕 시에도 사용한다.
③ 엉킨 털을 확인할 때 사용한다.
④ 단모종의 죽은 털 제거에 사용한다.
⑤ 곱슬거리는 털에 효과적으로 사용한다.

① 루버 브러시는 고무 재질의 핀과 돌기로 구성되어 있음

③ 단모종의 죽은 털 제거와 피부마사지에 사용함

해설 **빗질하기**

루버 브러시의 특징(14p)

① 루버 브러시는 고무 재질의 핀과 돌기로 구성되어 있으며, 글로브 형태와 브러시 형태가 있다.
② 단모종의 죽은 털 제거와 피부 마사지에 사용한다.
③ 목욕 시에도 사용할 수 있다.
④ 브러싱을 하여 윤기 있는 털을 유지시킬 수 있다.

정답 ②, ④

09

다음 중 콤 사용법이 바르지 않은 것을 모두 고르시오.

① 콤을 가볍게 잡는다.
② 엄지손가락과 집게손가락으로 빗 아래면의 1/3 지점을 감싸 쥔다.
③ 콤이 흔들리지 않게 고정한다.
④ 손목이 흔들리지 않게 팔의 힘만으로 빗질한다.
⑤ 털의 결과 수평이 되도록 빗질한다.

② 엄지손가락과 집게손가락으로 빗 윗면의 1/3 지점을 감싸 쥠
④ 손목이 흔들리지 않게 손목의 움직임으로만 빗질함
⑤ 털의 결과 수직이 되도록 빗질함

해설 **빗질하기**

콤 사용 순서(13p)

① 콤을 가볍게 잡는다.
② 엄지손가락과 집게손가락으로 빗 윗면의 1/3 지점을 감싸 쥔다.
③ 콤이 흔들리지 않도록 고정한다.
④ 팔에 힘을 주지 않고 손목의 움직임으로만 빗질한다.
⑤ 털의 결과 수직이 되도록 빗질한다.
⑥ 손 전체에 힘이 들어가면 털이 끊어지거나 피부에 상처가 생길 수 있으므로 주의한다.
⑦ 모량이 많을 경우에는 면을 나누어 엉킴을 확인한다.
⑧ 빗질하지 않는 손으로 개체를 보정하거나 털과 피부를 고정시킨다.

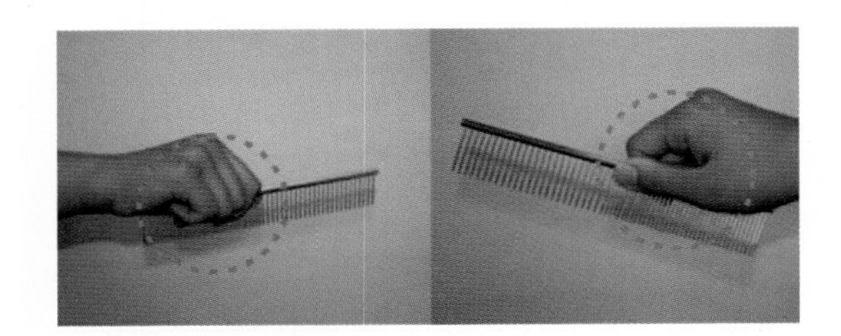

<콤 다루기>

정답 ②, ④, ⑤

다음 중 항문낭에 대한 설명으로 바르지 않은 것을 고르시오.

① 항문의 9시와 6시 방향으로 엄지손가락과 집게손가락을 이용하여 부드럽게 배출시킨다.
② 채취를 담은 주머니를 항문낭이라 한다.
③ 항문낭은 제거할 수 없다.
④ 항문낭액은 냄새가 나는 끈적한 타르 형태이다.
⑤ 항문낭 문제로 인한 공통적인 행동 특징은 핥기와 엉덩이 끌기이다.

① 항문의 4시와 8시 방향으로 엄지손가락과 집게손가락을 이용하여 부드럽게 배출

③ 항문선이 붓거나 막힌 경우에 치료하지 않고 방치하게 되면 배변이 고통스러워지며 염증이 유발되어 수술로 항문낭을 제거

해설 **샴핑**

항문낭의 관리(19p)

① 항문낭은 특색 있는 체취를 담은 주머니로 항문의 양쪽에 있다.
② 항문낭액은 냄새가 나는 끈적한 타르 형태이다.
③ 항문낭의 문제로 생기는 불편함을 완화시키기 위한 공통적인 행동 특징은 핥기와 엉덩이 끌기이며, 앉을 때 갑자기 놀라는 행동을 보인다.
④ 항문선이 붓거나 막힌 경우에 치료하지 않고 방치하게 되면 배변이 고통스러워지며 염증이 유발되어 수술로 항문낭을 제거한다.

항문낭액 배출 순서: 목욕하기 전에 실시

① 꼬리를 들어 올리고 항문낭을 돌출시킨다.
② 항문의 4시와 8시 방향의 안쪽에 꽉 찬 동그란 형태의 돌출 부위를 엄지손가락과 집게손가락을 이용하여 부드럽게 배출한다.
③ 배출된 항문낭액을 온수로 세척한다.

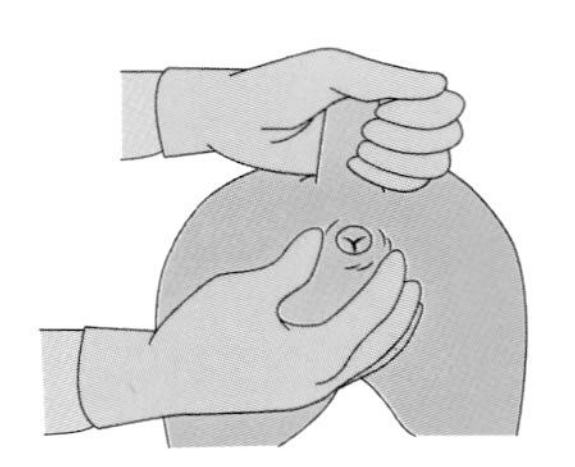

<항문낭액 배출 방법>

정답 ①, ③

CHAPTER 04

11

샴푸에 대한 설명으로 바른 것을 모두 고르시오.

① 개의 피부는 pH 7~9로 중성에 가깝다.
② 오염된 피부와 털을 청결히 한다.
③ 털의 발육과 피부의 건강을 위해 관리하는 것이 샴푸의 목적이다.
④ 과도한 피지 제거와 세정은 정상적인 피부 보호막을 약화시킨다.
⑤ 어린 동물은 생후 2주부터 관리를 하여 습관화 되도록 자주 씻겨준다.

> ① 개의 피부(pH 7~7.4)는 중성에 가까움
>
> ⑤ 어린 동물은 생후 3~4주부터 습관화 되도록 자주 씻겨줌

해설 | **샴핑**

샴핑의 목적과 기능(18p)

① 오염된 피부와 털을 청결히 하고 털의 발육과 피부의 건강을 위해 관리하는 것이다.
② 과도한 피지의 제거와 세정은 정상적인 피부 보호막의 기능을 약화시킬 수 있으므로 주의한다.
③ 개의 피부(pH 7~7.4)는 중성에 가까우며 사람 피부(pH 4.5~5.5)와는 다르므로 사람용 샴푸는 개의 피부에 자극적일 수 있다.
④ 반려견 전용 샴푸를 사용하여야 하며 최근에는 천연 성분을 함유하여 피부와 털에 자극이 적으며, 기능이 강화된 제품들이 있다.
⑤ 어린 동물은 생후 3~4주부터 관리를 시작한다.

정답 ②, ③, ④

12

<보기>에서 샴핑의 순서를 순서대로 나열하시오.

> ㄱ. 물의 온도와 수압을 조절한다.
> ㄴ. 샴푸의 종류를 선택한다.
> ㄷ. 항문낭액을 배출시킨다.
> ㄹ. 안전장치를 한다.
> ㅁ. 샴핑을 실시한다.
> ㅂ. 헹군다.

① ㄴ → ㄹ → ㄱ → ㄷ → ㅁ → ㅂ
② ㄹ → ㄱ → ㄴ → ㄷ → ㅁ → ㅂ
③ ㄹ → ㄴ → ㄱ → ㄷ → ㅁ → ㅂ
④ ㄹ → ㄴ → ㄱ → ㅁ → ㅂ → ㄷ
⑤ ㄹ → ㅂ → ㄱ → ㄷ → ㅁ → ㄴ

해설 | **샴핑**

샴핑의 순서(22p)

① 안전장치의 설치: 욕조 안에서 샴핑을 하는 동안 동물이 뛰어내리거나 도주하는 등의 사고를 방지하기 위해 안전장치가 필요하다.
② 샴푸의 종류를 선택한다.
③ 물의 온도와 수압 조절
- 개는 정상적인 체온이 38.5~39℃이므로 목욕물은 40℃ 정도가 적당하다.
- 물을 조심스럽게 틀어 수압을 조절한다.

④ 항문낭액을 배출한다.
⑤ 샴핑 실시: 물의 온도와 수압을 조절한다.
⑥ 몸 전체에 샴푸를 골고루 도포한다.
⑦ 샴핑 후 헹군다.

정답 ③

다음 중 린싱에 대한 설명으로 바른 것을 모두 고르시오.

① 알칼리화 된 상태로 만들어준다.
② 린싱을 하는 과정에서 과도한 세정이 이루어지면 피부와 털에 자극을 주게 된다.
③ 털의 발육과 피부의 건강을 위해 관리하는 것이 린싱의 목적이다.
④ 피부와 털의 손상을 회복시켜준다.
⑤ 외부의 먼지, 때와 피지를 제거해준다.

① 린싱은 샴핑으로 알칼리화된 상태를 중화시키는 것
③ 과도한 세정 때문에 생긴 피부와 털의 손상을 적절히 회복하는 것이 린싱의 목적

해설 **린싱**

린스 목적(30p)

① 샴핑으로 알칼리화된 상태를 중화시키는 것이 목적이다.
② 과도한 세정 때문에 생긴 피부와 털의 손상을 적절히 회복시켜준다.
③ 일반적으로 농축 형태로 된 것을 용기에 적당한 농도로 희석하여 사용한다.
④ 과도하게 사용하거나 잘못 사용하게 되면 드라이 후 털이 끈적거리고, 너무 지나치게 헹구면 효과가 떨어지므로 사용 방법을 숙지하고 사용하도록 한다.

정답 ②, ④

14

다음 중 드라이의 방법으로 바람직하지 않은 것을 고르시오.

① 타월링
② 새킹
③ 핸드드라이
④ 켄넬 드라이
⑤ 블로드라이

해설 **드라잉**

여러 가지 드라잉 방법(37p)

타월링	• 목욕 후 수분을 제거하기 위해 타월을 사용 • 수분 제거가 잘 되면 드라잉을 빨리 마칠 수 있음 • 지나치게 수분을 제거하면 드라잉할 때 피부와 털이 건조될 수 있으므로 적당한 수분 제거로 털의 습도를 조절 • 와이어 코트의 경우에는 타월링의 수분 제거만으로 드라잉을 대체
새킹	• 커트를 하기 위해서는 털이 들뜨고 곱슬거리는 상태로 건조되는 것을 막아야 함 • 털을 최고의 상태로 유지하여 드라잉하기 위해 타월로 몸을 감싸 새킹 • 드라이어의 바람이 건조할 부위에만 가도록 유도하는 것이 중요 • 바람이 브러싱하는 곳 주변의 털을 건조시키지 않도록 주의 • 드라잉을 끝내기 전에 곱슬거리는 상태로 건조되었다면 컨디셔너 스프레이로 수분을 주어 드라이
플러프 드라이	짧은 이중모를 가진 페키니즈, 포메라니안, 러프콜리 등의 경우에 핀 브러시를 사용하여 모근에서부터 털을 세워가며 모량을 풍성하게 드라이
켄넬 드라이	• 케이지 드라이라고 함 • 켄넬 박스 안에 목욕을 마친 동물을 넣고 안으로 드라이어 바람을 쏘이게 하여 드라이 • 드라이하는 동안 개체를 방치하게 되면 드라이어 바람의 열로 인한 화상 또는 체온 상승으로 호흡곤란을 일으킬 수 있으므로 주의
룸 드라이	• 드라이어를 크게 공간화 시켜 다양한 사이즈와 기능을 갖춘 드라이어 • 룸 안에 목욕과 타월링을 마친 동물을 두고 타이머, 바람의 세기, 음이온, 자외선 소독 등의 기능을 조정하여 사용하며 룸 안에서 입체적으로 바람이 만들어져 드라이하는 방법 • 드라잉하는 동안 동물을 방치하게 되면 드라이어 바람의 열로 화상을 입거나 체온이 상승하여 호흡곤란 등을 일으킬 수 있으므로 절대로 개체를 방치해서는 안 됨

정답 ③, ⑤

NCS 기반

반려견 스타일리스트
3급 필기 예상문제

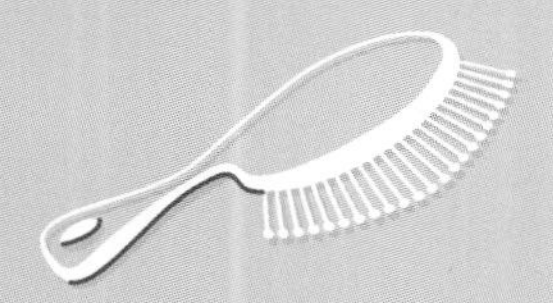

CHAPTER 05

애완동물 기본미용

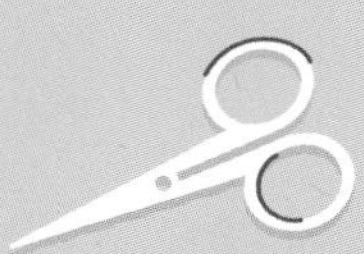

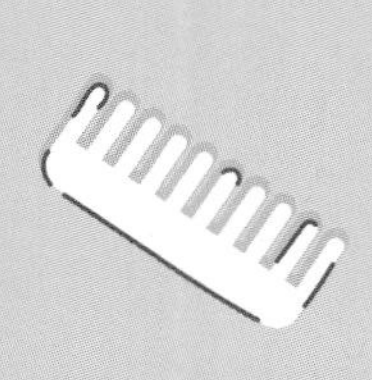

01

다음에서 설명하는 빗에 대해 고르시오.

핀의 길이가 길고, 파상모의 피모를 빗을 때 사용한다.

① 실키 콤
② 콤
③ 푸들 콤
④ 페이스 콤
⑤ 루버 콤

해설 **미용도구 활용**

콤의 종류 및 용도(4p)

① 페이스 콤: 핀의 길이가 짧아 얼굴, 눈 앞과 풋 라인을 자를 때 주로 사용한다.

② 푸들 콤: 핀의 길이가 길고, 파상모의 피모를 빗을 때 사용한다.

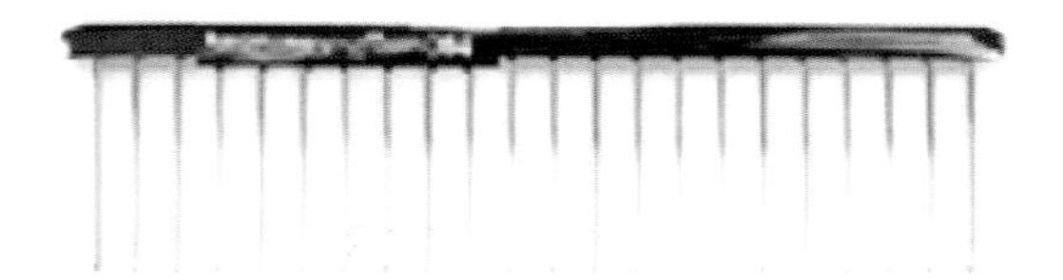

③ 콤: 핀 간격이 넓은 면은 털을 세우거나 엉킨 털을 제거할 때 사용하고, 핀의 간격이 좁은 면은 섬세하게 털을 세울 때 사용한다.

④ 실키 콤: 길고 짧은 핀이 어우러진 빗으로 부드러운 피모를 빗을 때 사용한다.

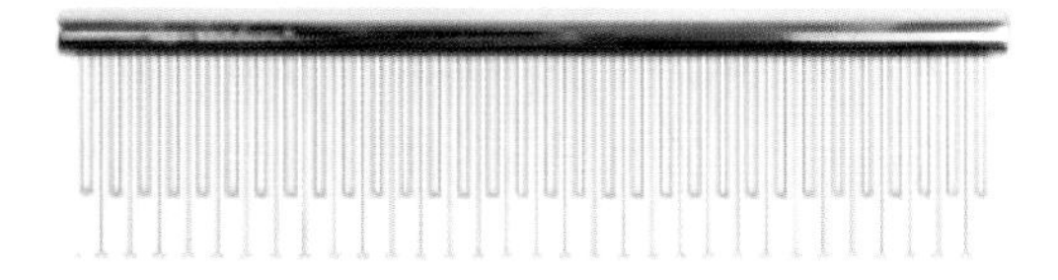

정답 ③

다음 중 가위에 대한 설명으로 바른 것을 모두 고르시오.

① 커브 가위는 가윗날이 가장 길며 몸통을 자를 때 사용한다.
② 보브 가위는 눈 앞의 털이나 풋라인을 자를 때 사용한다.
③ 블런트 가위는 털의 길이를 자르고 다듬는 데 사용한다.
④ 블런트 가위는 모량이 많은 털의 숱을 칠 때 사용한다.
⑤ 텐텐 가위는 절삭력이 가장 좋은 가위이며, 아웃라인을 다듬는 데 사용한다.

① 커브 가위는 가윗날이 둥그렇게 휘어져 있어 볼륨감을 주어야 하는 부위에 사용

④ 블런트 가위는 털의 길이를 자르고 다듬는 데 사용

⑤ 텐텐 가위는 요술 가위라고도 부르며 시닝 가위와 비슷하지만 절삭률이 더 좋음

해설 **미용도구 활용**

가위의 종류 및 용도(5p)

① 블런트 가위
- 민가위 또는 스트레이트 시저
- 털의 길이를 자르고 다듬는 데 사용
- 크기는 평균 7인치(약 20cm)가 기준
- 인치 수가 높을수록 초벌 미용이나 대형견 미용에 사용

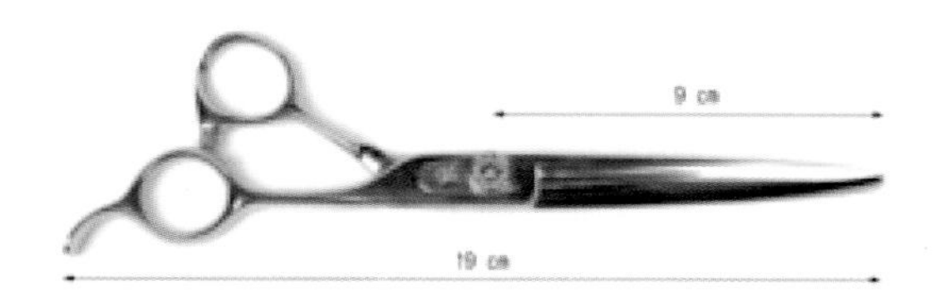

② 시닝 가위
- 털을 자연스럽게 연결시킬 때 사용
- 실키 코트의 부드러운 털과 처진 털을 자를 때 가위 자국 없이 자를 수 있음
- 한쪽 면 정날은 빗살로, 다른 한쪽 면 동날은 가위의 자르는 면으로 되어 있음
- 빗살 사이의 간격 수에 따라 잘리는 면의 절삭력에 차이가 있음

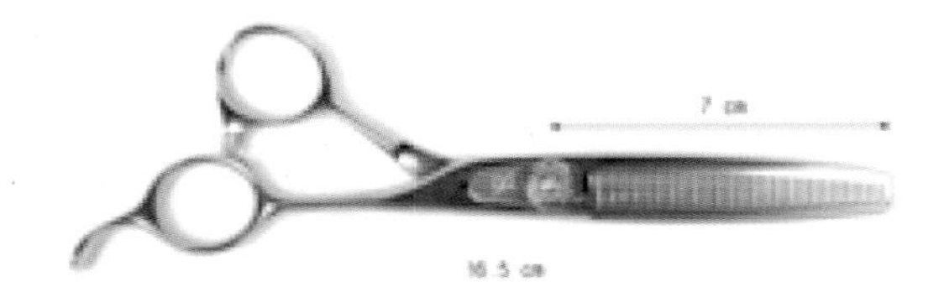

③ 보브 가위
- 블런트 가위와 같은 모양의 가위로 평균 5.5인치(13.97cm)의 크기
- 눈 앞의 털이나 풋라인의 털, 귀 끝의 털을 자를 때 많이 사용

④ 커브 가위
- 가윗날이 둥그렇게 휘어져 있어 볼륨감을 주어야 하는 부위에 사용
- 얼굴이나 몸통 다리의 각을 없애야 하는 곳에 쉽게 사용할 수 있도록 제작됨

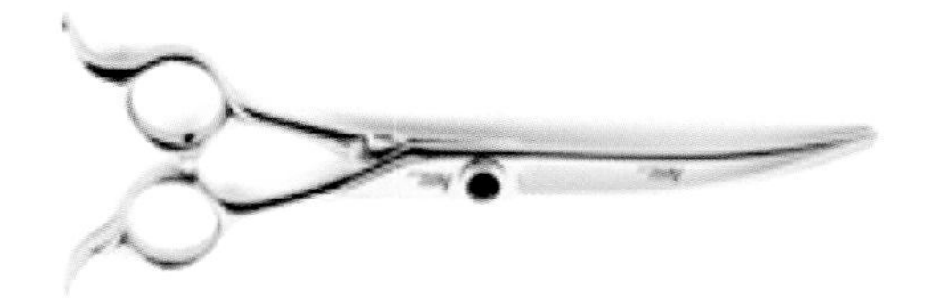

정답 ②, ③

다음 중 <보기>에서 설명하는 가위 부위의 명칭을 고르시오.

> 엄지손가락의 움직임으로 조작되는 움직이는 날

① 동날
② 정날
③ 약지환
④ 엄지환
⑤ 소지걸이

해설 **미용도구 활용**

가위의 구조 및 명칭(5p)

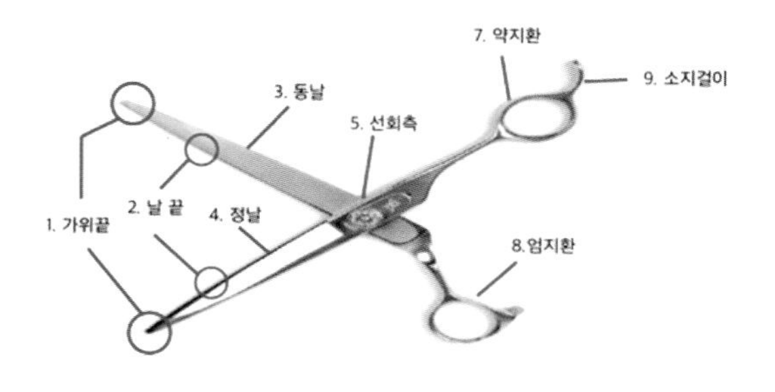

가위 끝 (Edge point)	정날과 동날 양쪽의 뾰족한 앞쪽 끝
날 끝 (Cutting edge)	정날과 동날의 안쪽 면의 자르는 날 끝
동날 (Moving blade)	엄지손가락의 움직임으로 조작되는 움직이는 날
정날 (Still blade)	넷째 손가락의 움직임으로 조작되는 움직이지 않는 날
선회축 (Pivot point)	가위를 느슨하게 하거나 조이는 역할을 하며 양쪽 날을 하나로 고정시켜 주는 중심축
다리(Shank)	선회축 나사와 환 사이의 부분
약지환 (Finger grip)	정날에 연결된 원형의 고리로 넷째 손가락을 끼워 조작함
엄지환 (Thumb grip)	동날에 연결된 원형의 고리로 넷째 손가락을 끼워 조작함
소지걸이 (Finger brace)	정날과 약지환에 이어져 있으며, 정날과 동날의 양쪽에 있는 가위도 있음

출처: 교육부(2015). 헤어커트디자인 (LM1201010105_14v2). 한국직업능력개발원. P.20.

정답 ①

다음 중 클리퍼 3mm 길이를 적용하는 부위를 고르시오.

① 주둥이, 발바닥
② 항문, 복부
③ 개체의 몸통부
④ 슈나우저 얼굴부
⑤ 발등, 귀

해설 **미용도구 활용**

클리퍼 날의 사이즈와 종류에 따른 적용 부위(6p)

① 클리퍼 날은 mm 수에 따라 클리퍼 날 사이의 간격이 좁거나 넓다.
② 클리퍼 날의 mm 수가 작으면 날의 간격이 좁다.
③ 클리퍼 날의 mm 수가 클수록 클리퍼 날의 간격이 넓다.
④ 클리퍼 날의 mm 수가 클수록 피부에 상처를 입힐 수 있는 위험성이 높다.

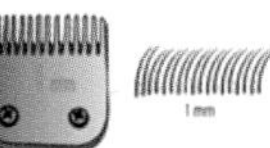

<클리퍼 날의 종류(0.1mm, 0.5mm, 1mm)>

개념 + **클리퍼 날의 적용 부위**

번호	클리퍼 날 사이즈	적용 범위
1	0.1~1mm	주둥이, 발바닥, 발등, 항문, 꼬리, 복부, 귀
2	2mm	슈나우저·코커스패니얼의 얼굴부 등
3	3~20mm	개체의 몸통부

정답 ③

다음 <보기>에서 가위 잡는 방법을 순서대로 바르게 나열한 것을 고르시오.

> ㄱ. 손바닥을 펼쳐 넷째 손가락을 끼운다.
> ㄴ. 집게손가락과 가운뎃손가락으로 감싸듯이 잡는다.
> ㄷ. 엄지환에 엄지손가락을 끼운다.
> ㄹ. 정날은 고정하고 동날만 움직인다.

① ㄱ → ㄴ → ㄷ → ㄹ
② ㄱ → ㄷ → ㄴ → ㄹ
③ ㄱ → ㄹ → ㄴ → ㄷ
④ ㄴ → ㄷ → ㄱ → ㄹ
⑤ ㄷ → ㄴ → ㄱ → ㄹ

해설 **미용도구 활용하는 방법**

가위 사용하는 방법(18p)

① 손바닥을 펼쳐 넷째 손가락을 끼운다.
② 엄지환에 엄지손가락을 끼운다.
③ 집게손가락과 가운뎃손가락으로 감싸듯이 잡는다.
④ 정날은 고정하고 동날만 움직인다.

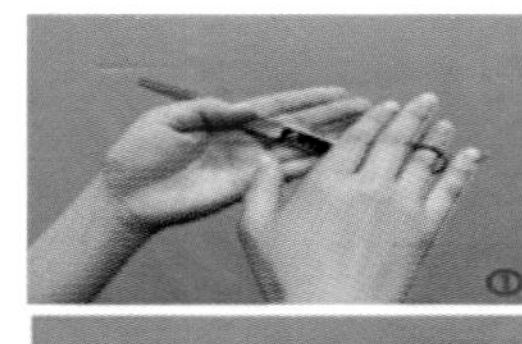

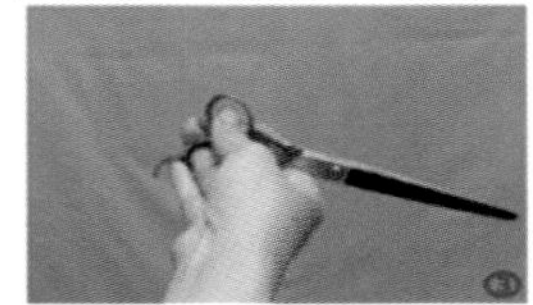

정답 ②

다음 중 <보기>의 발톱 길이에 따른 단면으로 바른 것을 고르시오.

① 발톱의 혈관 앞까지 잘랐을 때의 단면
② 발톱의 끝을 잘랐을 때의 단면
③ 발톱의 신경 전까지 잘랐을 때의 단면
④ 발톱을 자르기 전 형태의 단면
⑤ 발톱의 혈관까지 잘랐을 때의 단면

해설 **발톱 관리**

발톱의 구조(22p)

① 발톱에는 혈관과 신경이 연결되어 있고 발톱이 자라면서 혈관과 신경도 같이 자란다.
② 발톱은 지면으로부터 발을 보호하기 위해 단단하게 되어 있다.

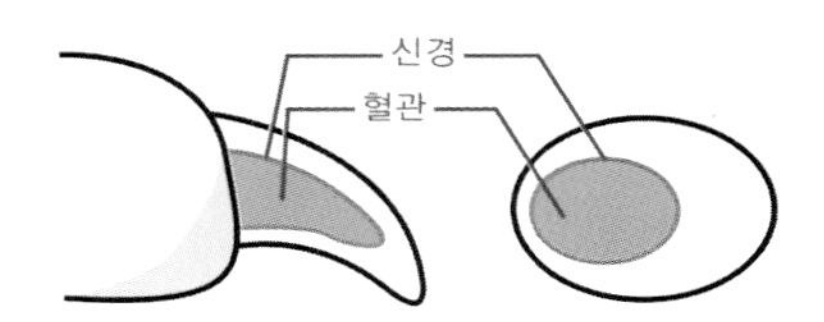

① 발톱의 분류

혈관이 보이는 발톱	• 발톱 안에는 혈관이 분포 • 혈관이 보이는 발톱은 혈관을 주의하며 발톱을 자름 • 혈관이 보이기 때문에 발톱 관리에 유리함
혈관이 보이지 않는 발톱	발톱에 있는 멜라닌 색소로 검게 보이는 발톱과 갈색의 발톱 또는 어두운 색의 발톱은 혈관이 보이지 않아 발톱 관리가 다소 어려움

② 혈관이 보이지 않는 발톱의 절단 길이별 변화: 혈관이 보이지 않는 발톱은 혈관 앞까지(㉢) 발톱깎이로 발톱을 깎아 나간다.

구분	단면	구조
㉠ 발톱의 끝을 잘랐을 때의 단면		
㉡ 발톱의 신경 전까지 잘랐을 때의 단면		
㉢ 발톱의 혈관 앞까지 잘랐을 때의 단면		
㉣ 발톱의 혈관까지 잘랐을 때의 단면		

정답 ①

07

<보기>에서 발톱 관리의 수행 순서를 바르게 나열하시오.

ㄱ. 발톱깎이, 발톱갈이, 지혈제를 준비
ㄴ. 애완동물을 미용 테이블 위에 올림
ㄷ. 발톱의 혈관을 확인
ㄹ. 발톱깎이로 발톱 표면이 일직선이 되게 자름
ㅁ. 발톱을 깎을 애완동물의 발을 손으로 고정해서 잡음
ㅂ. 발톱의 위와 아래 각을 자름
ㅅ. 발톱갈이로 발톱의 각을 없앰
ㅇ. 테이블 고정 암으로 애완동물을 고정

① ㄱ → ㄴ → ㅇ → ㅁ → ㄷ → ㄹ → ㅂ → ㅅ
② ㄱ → ㄴ → ㅇ → ㅁ → ㄷ → ㄹ → ㅅ → ㅂ
③ ㄱ → ㄴ → ㅇ → ㅁ → ㄷ → ㅂ → ㄹ → ㅅ
④ ㄱ → ㅇ → ㄴ → ㅁ → ㄷ → ㄹ → ㅂ → ㅅ
⑤ ㅅ → ㄴ → ㅇ → ㅁ → ㄷ → ㄹ → ㅂ → ㄱ

해설 **발톱 관리**

발톱 관리의 순서(25p)

① 발톱깎이, 발톱갈이, 지혈제를 준비한다.
② 애완동물을 미용 테이블 위에 올린다.
③ 테이블 고정 암으로 애완동물을 고정한다.
④ 발톱을 깎을 애완동물의 발을 손으로 고정해서 잡는다.
⑤ 발톱의 혈관을 확인한다.
⑥ 발톱깎이로 발톱 표면이 일직선이 되게 자른다.
⑦ 발톱의 위와 아래 각을 자른다.
⑧ 발톱갈이로 발톱의 각을 없앤다.

정답 ①

08

다음 중 귀의 구조로 바른 것을 고르시오.

① S자형
② T자형
③ I자형
④ L자형
⑤ Y자형

해설 **귀 관리**

귀의 구조(33p)

① 사람과 다르게 L자형의 구조로 되어 있어 고막을 보호하기에 좋은 구조이다.
② 공기가 쉽게 통하는 구조가 아니다.
③ 세균이 번식하거나 염증이 일어나기도 하며 악취가 발생하기 쉽다.
④ 외이, 중이, 내이로 구분된다.

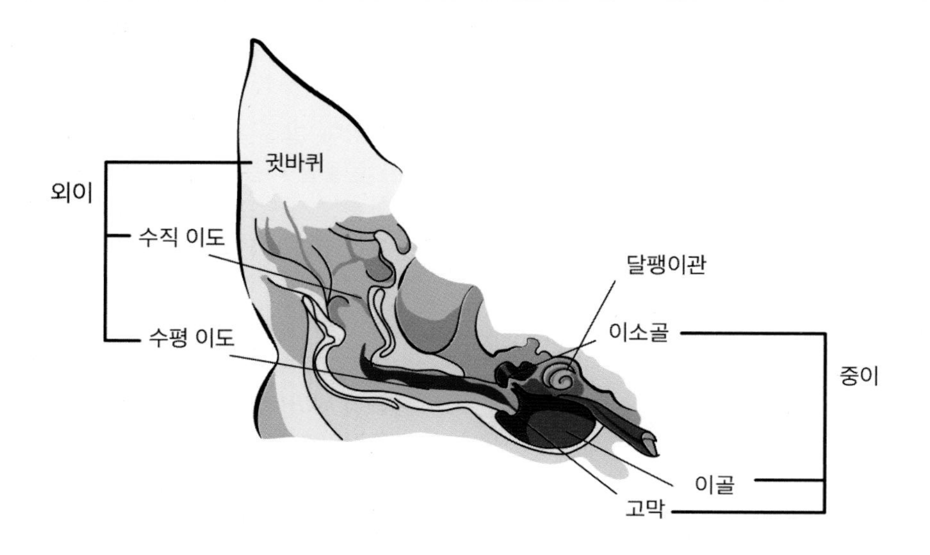

외이	• 수직 이도와 수평 이도로 구성 • 소리를 고막으로 전달하는 기능 • 이도의 표면은 피부와 동일한 구조
중이	• 고막: 중이를 보호하고, 이소골을 진동시켜 소리를 내이로 전달하는 기능 • 고실: 이소골이 있는 내이와 외이 사이 공간 • 유스타키오관(이관): 고막 안팎의 기압을 일정하게 유지 • 이소골
내이	• 반고리관, 전정기관, 달팽이관으로 구성 • 반고리관: 회전을 감지 • 전정기관: 위치와 균형을 감지 • 달팽이관: 듣기 담당

귀 관리를 위한 필수 상품

이어파우더의 효과	• 귀 안의 털을 뽑기 전 사용 • 미끄럼 방지 • 피부 자극과 피부 장벽을 느슨하게 함 • 모공 수축
이어클리너의 효과	• 귀지의 용해 • 귓속의 이물질 제거 • 귓속 미생물의 번식 억제 • 귓속의 악취 제거

정답 ④

다음 중 외이에 대한 설명으로 바른 것을 모두 고르시오.

① 소리를 고막으로 전달하는 기능을 한다.
② 이소골을 진동시켜 소리를 내이로 전달하는 기능을 한다.
③ 유스타키오관은 고막 안팎의 기압을 일정하게 유지해준다.
④ 반고리관, 전정기관, 달팽이관으로 구성되어 있다.
⑤ 이도의 표면은 피부와 동일한 구조를 가지고 있다.

해설 **귀 관리**

문제 08번 해설 참조

정답 ①, ⑤

10

귀에 관한 설명으로 바른 것을 모두 고르시오.

① 귀의 구조는 사람과 다르게 L자형 구조로 되어 있다.
② 이도의 표면은 피부와 동일한 구조로 모낭, 피지샘, 귀지샘이 있다.
③ 외이는 수직이도와 수평이도로 구성되어 있다.
④ 내이는 소리를 고막으로 전달하는 기능을 한다.
⑤ 내이는 고막, 소이골, 고실, 유스타키오관 등으로 구성되어 있다.

④ 외이는 소리를 고막으로 전달하는 기능을 함
⑤ 내이는 반고리관, 전정기관, 달팽이관으로 구성되어 있음

해설 **귀 관리**

문제 08번 해설 참조

정답 ①, ②, ③

다음 중 눈 주변 컷트 방법에 대해 바르지 않은 것을 모두 고르시오.

① 눈 밑의 털을 콤으로 빗어 올린다.
② 눈을 가리고 있는 털을 잘라 눈이 보이게끔 눈 앞의 털을 일직선 모양으로 자른다.
③ 다시 한번 눈 밑의 털을 빗질해서 눈을 가리고 있는 털을 원 모양으로 잘라준다.
④ 눈 밑의 털을 자르고 난 후 눈 위의 털을 빗으로 빗어준다.
⑤ 빗질의 방향은 정수리에서 눈 쪽을 향하게 한다.

② 눈을 가리고 있는 털을 잘라 눈이 보이게끔 눈 앞의 털을 반원 모양으로 자름

③ 다시 한번 눈 밑의 털을 빗질해서 눈을 가리고 있는 털을 반원 모양으로 잘라줌

해설 기초 시저링하기

눈 주변의 털 시저링 순서(70p)

① 눈 밑의 털을 콤으로 빗어 올린다.
② 눈을 가리고 있는 털을 잘라 눈이 보이게끔 눈 앞의 털을 반원 모양으로 자른다.
③ 다시 한번 눈 밑의 털을 빗질해서 눈을 가리고 있는 털을 반원 모양으로 잘라준다.
④ 눈 밑의 털을 자르고 난 후 눈 위의 털을 빗으로 빗어준다.
⑤ 빗질의 방향은 정수리에서 눈 쪽을 향하게 한다.

정답 ②, ③

다음 중 기본 클리핑에 대한 설명으로 바르지 않은 것을 모두 고르시오.

① 클리퍼에 클리퍼 날(0.1~1mm)을 장착한다.
② 미용 테이블 위에 올리고 고정 암으로 고정한다.
③ 암컷은 역V자 모양, 수컷은 역U자 형태로 털을 제거해준다.
④ 수컷은 복부에 있는 생식기 털도 같이 제거한다.
⑤ 암컷의 경우 생식기 부위만 클리퍼를 위에서 아랫방향으로 털을 제거한다.

③ 암컷은 역U자 형태로, 수컷은 역V자 모양 형태로 털을 제거

해설 **기본 클리핑하기**

복부 털 제거 순서(56p)

① 클리퍼에 클리퍼 날(0.1~1mm)을 장착한다.
② 미용 테이블 위에 올리고 고정 암으로 고정한다.
③ 애완동물의 뒷다리가 테이블 면에 닿게 하고 앞다리는 손으로 조심스럽게 잡아 테이블 위에서 들어 올린다.
④ 배꼽의 위치를 확인한다.
⑤ 배꼽 부위를 반원 모양으로 밀어주면서 복부의 털을 제거한다.
- 암컷은 역U자 형태로, 수컷은 역V자 모양 형태로 털을 제거한다.
- 가슴(젖꼭지)에 클리퍼가 닿지 않게 주의한다.
- 수컷은 복부에 있는 생식기 털도 같이 제거한다.

항문 털 제거 순서(57p)

① 항문의 위치를 확인한다.
② 항문이 보이도록 꼬리 시작 부분을 가볍게 잡고 꼬리가 백 라인 위를 향하도록 올려준다.
③ 항문 주위의 털을 1~2mm 둘레로 동그랗게 클리퍼로 털을 제거한다.

암컷의 생식기 털 제거 순서(58p)

① 뒷다리의 한쪽 다리만 가볍게 미용 테이블 위에서 들어준다.
② 생식기 부위만 클리퍼를 위에서 아랫방향으로 털을 제거한다.
③ 반대 방향의 다리도 들어 올려서 같은 방향으로 털을 제거한다.

수컷의 생식기 털 제거 순서(58p)

① 뒷다리의 한쪽 다리만 가볍게 미용 테이블 면에서 들어준다.
② 복부에 있는 생식기의 털을 제거한다.

정답 ③

13

클리퍼 사용 시 주의사항으로 바르지 않은 것을 모두 고르시오.

① 클리퍼를 장시간 사용하면 기계가 뜨거워져 애완동물의 피부에 화상을 입힐 수 있으므로 냉각제로 열을 식히며 사용한다.
② 클리퍼 날의 mm 수가 작을수록 피부에 해를 입힐 수 있으므로 주의해 사용한다.
③ 클리퍼 날을 세우지 않고 피모와 평행하게 사용한다.
④ 클리퍼 사용 후 클리퍼 사이의 털을 제거한 후 윤활제로 소독해야 한다.
⑤ 0.1~1mm 클리퍼 날을 이용해서 발바닥, 발등, 항문 등 부위의 털을 제거한다.

② 클리퍼 날의 mm 수가 클수록 피부에 해를 입힐 수 있으므로 주의해서 사용
④ 클리퍼 사용 후 클리퍼 사이의 털을 제거한 후 소독제로 소독해야 함

해설 | 기본 클리핑

클리퍼를 사용할 때 주의사항(47p)

① 클리퍼를 장시간 사용하면 기계가 뜨거워져 애완동물의 피부에 화상을 입힐 수 있으므로 냉각제로 열을 식히면서 사용해야 한다.
② 클리퍼 날의 mm 수가 클수록 피부에 해를 입힐 수 있으므로 주의해서 사용해야 한다.
③ 클리퍼를 사용하여 털을 자르는 작업을 수행할 때 클리퍼는 피부와 평행하게 들어 사용해야 한다.
④ 클리퍼를 사용하고 나서는 클리퍼 사이의 털을 제거한 후 소독제로 소독한다.

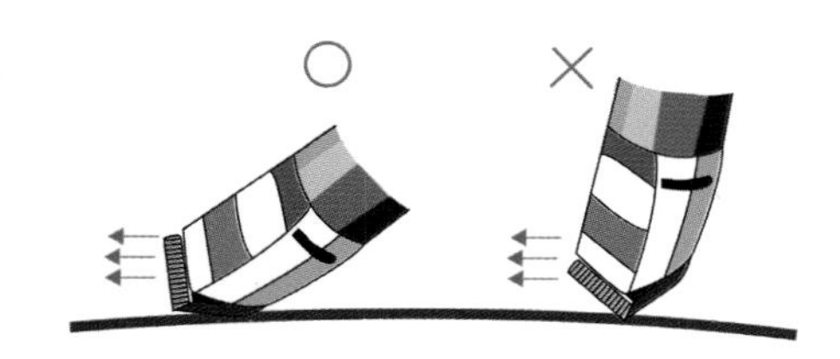

<클리퍼 날의 평행>

정답 ②, ④

주둥이 털의 클리핑 부위에 대한 설명으로 바르지 않은 것을 모두 고르시오.

① 귀 시작점에서 눈 끝
② 귀 시작점에서 애담스애플에서 1~2cm 내려간 곳을 U자형으로 클리핑
③ 주둥이 털 클리핑
④ 턱 밑을 주둥이와 같은 길이로 클리핑
⑤ 눈과 눈 사이 역U자형으로 클리핑

② 귀 시작점에서 애담스애플에서 1~2cm 내려간 곳을 V자형으로 클리핑
⑤ 눈과 눈 사이 역V자형(인덴테이션)으로 클리핑

해설 **기본 클리핑하기**

주둥이 털의 클리핑 부위(51p)

① 귀 시작점에서 눈 끝
② 귀 시작점에서 애담스애플에서 1~2cm 내려간 곳을 V자형으로 클리핑
③ 주둥이 털 클리핑
④ 턱 밑을 주둥이와 같은 길이로 클리핑
⑤ 눈과 눈 사이 역V자형(인덴테이션)으로 클리핑

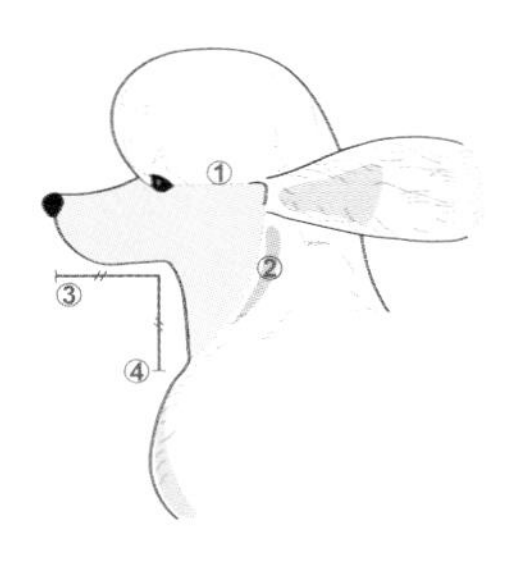

<주둥이의 클리핑 옆>

<주둥이의 클리핑 앞>

정답 ②, ⑤

15

복부 클리핑의 설명으로 바르지 않은 것을 모두 고르시오.

① 클리퍼에 클리퍼 날(0.1~1mm)을 장착한다.
② 애완동물을 미용 테이블 위에 올리고 테이블 고정 암으로 고정한다.
③ 애완동물의 앞다리가 테이블 면에 닿게 하고 뒷다리는 손으로 조심스럽게 잡아 테이블 위에서 들어 올린다.
④ 배꼽의 위치를 확인하고 반원 모양으로 밀어주면서 복부의 털을 제거한다.
⑤ 수컷은 역U자형으로, 암컷은 역V자형으로 클리핑 한다.

③ 애완동물의 뒷다리가 테이블 면에 닿게 하고, 앞다리는 손으로 조심스럽게 잡아 테이블 위에서 들어 올림

⑤ 암컷의 경우 배꼽 위에서 역U자형으로 클리핑, 수컷의 경우 배꼽 위에서 역V자형으로 클리핑

해설 **기본 클리핑하기**

복부 기본 클리핑(56p)

① 클리퍼에 클리퍼 날(0.1~1mm)을 장착한다(또는 소형 클리퍼를 준비한다).
② 애완동물을 미용 테이블 위에 올리고 테이블 고정 암으로 고정한다.
③ 애완동물의 뒷다리가 테이블 면에 닿게 하고, 앞다리는 손으로 조심스럽게 잡아 테이블 위에서 들어 올린다.
④ 배꼽의 위치를 확인한다.
⑤ 배꼽 부위를 반원 모양으로 밀어주면서 복부의 털을 제거한다.
⑥ 암컷의 경우 배꼽 위에서 역U자형으로 클리핑하고, 수컷의 경우 배꼽 위에서 역V자형으로 클리핑한다.

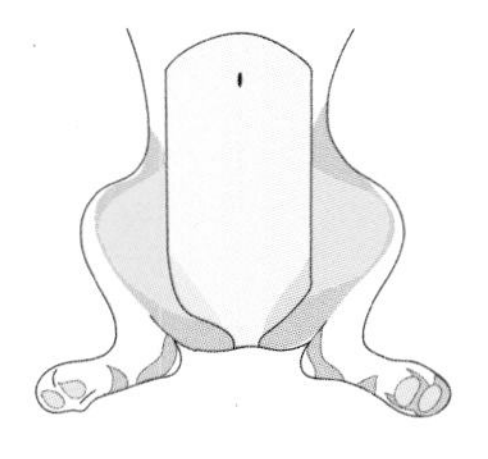

<배꼽과 복부의 클리핑 - 암컷>

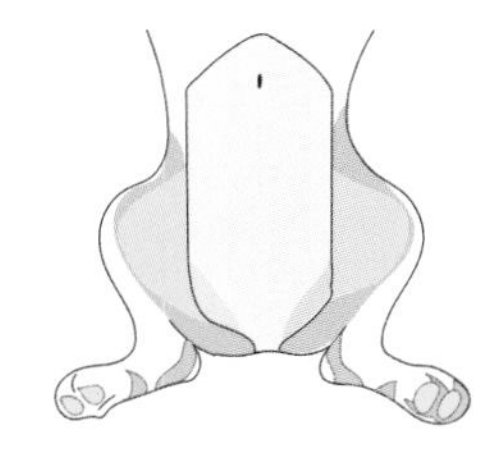

<배꼽과 복부의 클리핑 - 수컷>

정답 ③, ⑤

16

기본클리핑의 목적으로 바르지 않은 것을 모두 고르시오.

① 발바닥 털이 자라 있으면 미끄러져 보행에 불편을 준다.
② 털 관리를 해주지 않아 발바닥 패드에 털이 많이 자라면 습진이 발생할 수 있다.
③ 항문에 배변이 묻지 않도록 청결을 위해 털을 제거한다.
④ 말티즈 견종의 표준 미용은 주둥이(머즐)의 털을 제거한다.
⑤ 주둥이 부위에 피부병이 있는 경우 피부에 자극이 되므로 클리핑을 해서는 안 된다.

④ 푸들 견종의 표준 미용은 주둥이(머즐)의 털을 제거
⑤ 주둥이 부위에 피부병이 있는 경우에 치료 목적을 위해 제거

해설 **기본 클리핑하기**

기본 클리핑으로 털을 제거하는 목적(50p)

① 발바닥의 털이 자라 있으면 미끄러지며 보행에 불편을 준다.
② 털 관리를 해주지 않아 발바닥 패드에 털이 많이 자라면 습진이 발생할 수 있다.
③ 항문에 배변이 묻지 않도록 청결을 위해 털을 제거한다.
④ 항문 주위의 털을 제거하지 않고 장시간 방치하면 배변과 함께 뭉친 털이 항문을 막아 건강에 해를 입게 된다.
⑤ 주둥이 부위에 피부병이 있는 경우에 치료 목적을 위해 제거한다.
⑥ 푸들 견종의 표준 미용은 주둥이(머즐)의 털을 제거한다.

정답 ④, ⑤

17

기초 시저링 부위에 해당하는 것을 모두 고르시오.

① 발 주변의 털
② 눈 주변의 털
③ 항문 주변의 털
④ 언더라인
⑤ 입 주변의 털

해설 **기본 클리핑하기**

기초 시저링 부위(66p)

① 발 주변의 털
- 발바닥 패드를 가리고 있는 털을 잘라 보행 시 미끄러지지 않도록 한다.
- 발등을 클리핑한 발을 클리핑한 라인을 따라 시저링하여 발의 아름다움을 보이게 한다.

② 눈 주변의 털
- 눈 주위의 털은 자라면서 눈을 찌르게 되어 눈병의 원인이 된다.
- 털이 길면 시야를 가려서 애완동물이 생활을 하는 데 지장을 준다.
- 눈물이 흐르는 경우, 피부병의 원인이 될 수도 있다.

③ 항문 주변의 털: 청결함을 위함이다.
④ 언더라인 ⑤ 꼬리털 ⑥ 귀 털

정답 ①, ②, ③, ④

CHAPTER 05

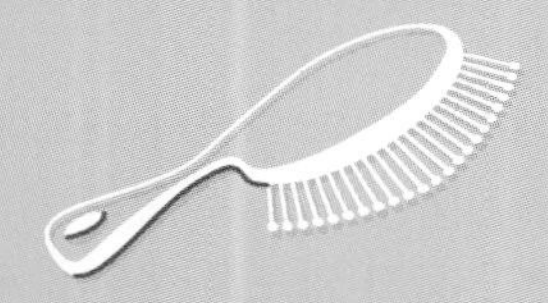

CHAPTER 06

애완동물 일반미용

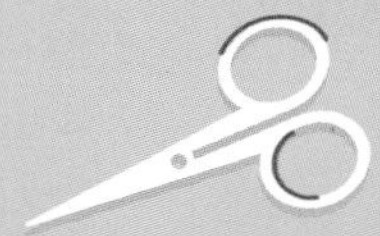

다음 <보기>와 같이 고객이 원하는 스타일을 안내하는 방법으로 바른 것을 모두 고르시오.

> 애완동물의 현재 털 길이가 짧지만, 고객은 털이 긴 미용 스타일을 원한다.

① 털 길이가 짧지만 고객이 털이 긴 미용 스타일을 원한다면 앞으로 털을 관리하여 이후 고객이 원하는 미용을 할 수 있도록 틀을 잡아 주는 미용을 선택한다.
② 짧은 털을 길게 미용할 수 있는 방법이 없으므로 스타일에 변화를 주기 위해서는 털이 자라나는 동안 관리할 수 있게끔 해 줄 수 있게 안내한다.
③ 미용사는 애완동물의 미용 스타일을 파악하고 이것을 실현하기 위하여 털이 자라는 데 걸리는 시간을 예상하여 고객에게 안내한다.
④ 털이 짧으니 털이 긴 미용은 할 수 없다고 단정지어 설명해야 한다.
⑤ 이 다음에 시행할 미용 스타일을 완성하기 위해 털을 기르기 위한 관리 방법을 설명한다.

① 털 길이가 짧으나 고객이 털이 긴 미용 스타일을 원할 때는 앞으로 털을 관리하여 이후 고객이 원하는 미용을 할 수 있도록 틀을 잡아주는 미용을 선택함

② 짧은 털을 길게 미용할 수 있는 방법이 없으므로, 스타일에 변화를 주기 위해서는 털이 자라나는 동안 관리할 수 있게끔 해 줄 수 있게 안내함

③ 미용사는 애완동물의 미용 스타일을 파악하고, 이것을 실현하기 위하여 털이 자라는 데 걸리는 시간을 예상하여 고객에게 안내함

⑤ 이 다음에 시행할 미용 스타일을 완성하기 위해 털을 기르기 위한 관리 방법을 설명함

해설 **애완동물의 미용 스타일 제안**

대상에 맞는 미용 스타일을 선정하는 방법(3p)

① 몸의 구조에 문제가 있을 때
- 몸의 구조에 문제가 있으면 해당 부위의 털을 이용하여 단점을 보완한다.
- 신체에 장애 부위가 있는 경우에 그 부위가 안 보이도록 보완할 것인지, 그 부위를 개성으로 부각시킬 것인지를 결정하여 미용 스타일을 선택한다.

② 털 길이가 짧으나 고객이 털이 긴 미용 스타일을 원할 때
- 앞으로 털을 관리하여 이후 고객이 원하는 미용을 할 수 있도록 틀을 잡아 주는 미용을 선택한다.

③ 털에 오염된 부분이 있을 때
- 오염 부위에 일시적으로 착색이 있는 때에는 그 부위의 털을 제거하고 다시 관리한다.
- 지속적으로 다시 착색될 우려가 있는 때에는 문제점을 해결한다.
- 스트레스로 발을 핥아 변색되었다면 스트레스 요인을 제거한다.
- 일시적으로 동물이 그 부위를 핥지 못하도록 조치를 취한다.

④ 애완동물이 예민하거나 사나울 때
- 미용사는 애완동물의 상태가 미용이 가능한 정도인지를 파악하고 미용이 불가능하다면 이유를 고객에게 이해하기 쉽게 설명한다.
- 미용이 가능한 경우에는 물림방지 도구의 사용 여부 등을 고객에게 알리고 동의를 얻어야 한다.

⑤ 애완동물이 특정 부위의 미용을 거부할 때
- 발 미용 시간을 최소화하고 얼굴 부위는 시저링을 하는 등 애완동물의 스트레스를 줄일 수 있는 미용 스타일을 선택한다.

⑥ 애완동물이 날씨나 온도의 영향을 받는 곳에서 생활할 때
- 애완동물이 추운 곳에서 생활할 때에는 털의 길이가 너무 짧은 미용 스타일은 피한다.
- 뜨거운 햇볕에 오랜 시간 노출될 때에는 피부가 드러나지 않는 미용 스타일을 선택한다.

⑦ 애완동물이 미끄러운 곳에서 생활할 때
- 애완동물의 보행에 방해가 되는 발바닥 아래의 털을 짧게 유지한다.

⑧ 고객이 시간적 여유가 없을 때
- 손질이 비교적 간단한 미용방법을 선택한다.
- 음식을 먹을 때 오염될 수 있는 얼굴 부위는 짧게 하고 빗질에 걸리는 시간을 최소화할 수 있는 미용스타일을 선택한다.

⑨ 애완동물이 노령이거나 지병이 있을 때
- 피부에 탄력이 없고 주름이 있으므로 클리핑할 때 상처가 나지 않게 주의한다.
- 동물이 오랜 시간 서 있어야 작업이 가능한 미용 스타일은 피한다.
- 체력이 저하된 경우가 많으므로 시간이 오래 걸리는 미용 스타일은 바람직하지 않다.
- 모량과 모질을 확인하여 가능한 미용 스타일을 선택한다.
- 청각이나 시각을 잃은 경우에는 예민할 수 있으므로 주의한다.
- 노화로 심장병 등의 지병이 있는 경우에는 그 정도가 미용을 할 수 있는 상태인지 확인한다.
- 신체적으로 건강하지 못할 경우에는 시간이 오래 걸리는 미용 스타일은 피한다.
- 질병이 발생한 부위에 접촉을 거부하는 경우가 있을 수 있으므로 이러한 특이사항을 참고하여 미용 스타일을 결정한다.
- 미용이 질병을 악화시킬 가능성이 있다면 미용을 하지 않는다.

정답 ①, ②, ③, ⑤

다음 중 애완동물이 예민하거나 사나울 경우의 대처방법으로 바른 것을 모두 고르시오.

① 미용사는 애완동물의 상태가 미용이 가능한 정도인지를 파악하여 미용이 불가능하다면 이유를 고객에게 이해하기 쉽게 설명해야 한다.
② 고객에게 줄을 잡고 있을 것을 요청한 후 애완동물에게 먼저 친숙하게 다가간다.
③ 고객이 물림방지 도구의 사용을 거부할 경우 물림방지 도구 없이 대처를 한다.
④ 미용이 가능한 경우에는 물림방지 도구의 사용 여부 등을 고객에게 알리고 동의를 얻어야 한다.
⑤ 안전사고 예방차원으로 테이블에 올려 암줄을 먼저 채워준다.

해설 **애완동물의 미용 스타일 제안**

문제 01번 해설 참조

정답 ①, ④

03

다음 중 애완동물이 노령일 경우의 주의사항으로 바르지 않은 것을 모두 고르시오.

① 체력이 저하된 경우가 많으므로 시간이 오래 걸리는 미용 스타일은 바람직하지 않다.
② 미용이 질병을 악화시킬 가능성이 있다면 주의하면서 미용을 한다.
③ 노화로 인한 심장병 등의 지병이 있는 경우에는 그 정도가 미용을 할 수 있는 상태인지 확인해야 한다.
④ 오래 서 있기 힘든 경우가 많으므로 동물이 오랜 시간 서 있어야 작업이 가능한 미용 스타일은 피한다.
⑤ 피부에 탄력이 없고 주름이 있으므로 클리핑할 때 가장 짧은 날로 밀어준다.

② 미용이 질병을 악화시킬 가능성이 있다면 미용을 하지 않음
⑤ 피부에 탄력이 없고 주름이 있으므로 클리핑할 때 상처가 나지 않게 주의

해설 **애완동물의 미용 스타일 제안**

문제 01번 해설 참조

정답 ②, ⑤

다음 중 고객에게 미용 스타일을 제안하는 방법으로 바른 것을 모두 고르시오.

① 애완동물을 생각해 고객의 의견보다 미용사의 의견을 우선적으로 반영한다.
② 전문적인 용어를 사용하면 프로페셔널하게 보일 수는 있으나 너무 어려운 용어를 사용되면 고객이 이해하기 어렵게 된다.
③ 미용 스타일을 제안하기 전에 먼저 고객의 요구사항을 구체적으로 파악한다.
④ 스타일북을 활용하여 고객과 미용사 간에 생길 수 있는 생각의 오차를 줄인다.
⑤ 미용 스타일의 제안과 동시에 미용 요금도 함께 안내한다.

① 애완동물을 생각해 미용사의 의견보다 고객의 의견을 우선적으로 반영함

해설 **애완동물의 미용 스타일 제안**

미용 스타일의 제안(6p)

① 고객의 의견을 우선적으로 반영한다.
- 미용 스타일을 제안하기 전에 먼저 고객의 요구사항을 구체적으로 파악한다.
- 미용사의 의견보다는 고객의 의견을 우선적으로 반영한다.

② 제안하는 미용 스타일의 필요성을 고객이 이해하기 쉽게 설명한다.
- 고객이 이해할 수 있는 용어를 활용하여 설명한다.
- 새로운 미용 용어를 이해하도록 노력한다.

③ 스타일북을 활용하여 고객과 미용사 간에 생길 수 있는 생각의 오차를 줄인다.
④ 미용 스타일의 제안과 동시에 미용 요금도 함께 안내한다.

정답 ②, ③, ④, ⑤

다음 <보기>의 그림에서 15번과 36번에 해당하는 명칭을 순서대로 나열하시오.

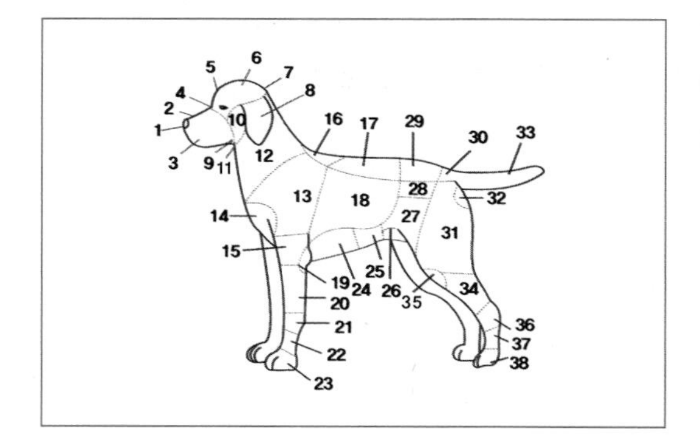

① 중족, 견단　② 비절, 좌골단
③ 턱업, 전완　④ 중족, 상완
⑤ 상완, 비절

해설 **시저링**

신체구조의 특징(48p)

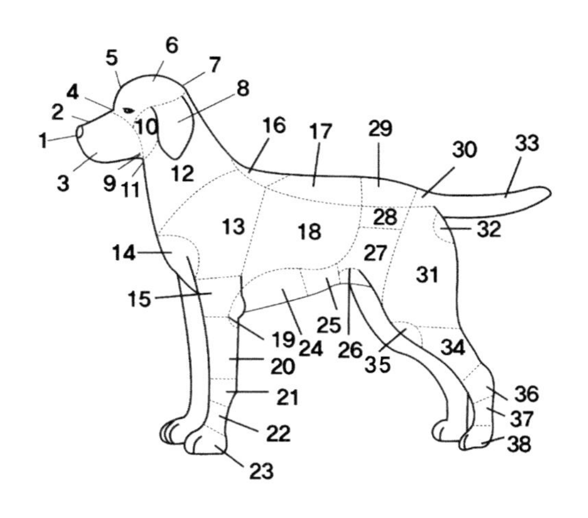

<개의 신체 부위별 명칭>

머리	1. 코(Nose)	5. 눈(Eye)	9. 아래턱
	2. 주둥이(Muzzle)	6. 두개부(Skull)	10. 뺨(Cheek)
	3. 입술	7. 후두부(Occicut)	11. 인후(Throat)
	4. 이마 단(Stop)	8. 귀(Ear)	
몸통·다리	12. 목(Neck)	21. 무릎(Knee)	30. 엉덩이(Croup)
	13. 어깨(Shoulder)	22. 중족(Pastren)	31. 대퇴부(Thigh)
	14. 견단(Point of shoulder)	23. 발(Foot)	32. 좌골단 (Point of buttock)
	15. 상완(Upperarm)	24. 앞가슴(Brisker)	33. 꼬리(Tail)
	16. 기갑(Withers)	25. 복부(Abdomen)	34. 무릎관절(Stifle)
	17. 등(Back)	26. 턱업(Tuck up)	35. 하퇴부(Second thigh)
	18. 갈비(Rib)	27. 옆구리(Flank)	36. 비절(Hock)
	19. 팔꿈치(Elbow)	28. 커플링(Coupling, 늑골과 연결부)	37. 중족(Pastern)
	20. 전완(Upperarm)	29. 허리(Loin)	38. 발(Foot)

정답 ⑤

06

다음 중 몸의 구조적 특징을 파악하는 방법으로 바르지 않은 것을 모두 고르시오.

① 애완동물의 몸을 만져보고 움직여보면서 몸의 구조적 특징을 파악한다.
② 애완동물 종의 이상적인 표준과 미용 의뢰를 받은 동물의 몸 구조를 비교한다.
③ 애완동물의 몸 구조에서 장점이 되는 부분이 있다면 보완한다.
④ 애완동물의 몸 구조에서 단점이 되는 부분이 있다면 부각한다.
⑤ 보완이 어려운 정도의 단점이라면 개성으로 표현할 수 있는 스타일을 구상한다.

③ 애완동물의 몸 구조에서 장점이 되는 부분이 있다면 부각시킴
④ 애완동물의 몸 구조에서 단점이 되는 부분이 있다면 보완시킴

해설 **애완동물의 미용 스타일 제안하기**

몸의 구조적 특징을 파악(10p)

① 애완동물의 이상적인 체형을 파악한다.
② 애완동물의 종 표준에 따른 이상적인 체형을 파악하여 이와 유사하게 표현할 수 있어야 한다.
③ 애완동물 종의 이상적인 표준과 미용 의뢰를 받은 동물의 몸 구조를 비교한다.
④ 애완동물의 몸 구조에서 장점이 되는 부분이 있다면 부각한다.
⑤ 애완동물의 몸 구조에서 단점이 되는 부분이 있다면 보완한다.
⑥ 보완이 어려운 정도의 단점이라면 개성으로 표현할 수 있는 스타일을 구상한다.

정답 ③, ④

07

다음 중 처음 보는 애완동물의 성격을 파악하는 방법으로 바르지 않은 것을 고르시오.

① 애완동물의 예민함과 산만함 정도를 파악한다.
② 애완동물의 특정 부위 미용에 대한 부적응도 등을 파악한다.
③ 애완동물이 이상 행동을 보일 때 안정을 취하게 할 수 있게 해준다.
④ 애완동물이 거부반응을 보이더라도 고객이 원하는 스타일을 해준다.
⑤ 파악한 성격을 고려하여 미용 스타일을 구상한다.

해설 **애완동물의 미용 스타일 제안하기**

애완동물의 성격 파악 방법(14p)

① 애완동물의 예민함과 산만함 정도를 파악한다.
② 애완동물의 사나움 정도를 파악한다.
③ 애완동물의 특정 부위 미용에 대한 부적응도 등을 파악한다.
④ 애완동물이 거부반응을 보이는 행동 등을 파악한다.
⑤ 애완동물이 이상 행동을 보일 때 안정을 취하게 할 수 있는 방법이 있다면 고객으로부터 정보를 제공 받는다.
⑥ 파악한 성격을 고려하여 미용 스타일을 구상한다.

정답 ④

다음 중 애완동물의 생활환경을 파악하는 방법으로 바르지 않은 것을 고르시오.

① 애완동물이 생활하는 곳의 바닥재 종류를 확인한다.
② 실외에서 생활하는 애완동물은 청결을 위해 짧게 미용을 해준다.
③ 애완동물이 배변활동을 하는 곳의 특징을 파악한다.
④ 애완동물이 생활하는 장소가 외부 기생충으로부터 안전한지 파악한다.
⑤ 파악한 생활환경을 고려하여 미용 스타일을 구상한다.

② 실외에서 생활하는 애완동물은 추위나 더위를 피할 곳이 있는지 확인하고 계절과 날씨에 맞추어 알맞은 미용 스타일을 제안

해설 **애완동물의 미용 스타일 제안하기**

애완동물의 생활환경 파악(15p)

① 애완동물이 생활하는 곳이 실내인지 실외인지 확인한다.
- 동물이 실외에서 생활하는 경우에는 추위나 더위를 피할 곳이 있는지 확인하고 계절과 날씨에 맞추어 알맞은 미용 스타일을 제안한다.
- 실내에서 생활하는 동물의 경우에는 계절이나 날씨에 영향을 크게 받지 않지만, 외부에서 생활하는 동물은 털 길이가 생명 유지에 직접적인 영향을 줄 수 있으므로 주의한다.

② 애완동물이 생활하는 곳의 바닥재 종류를 확인한다.
- 바닥이 미끄러운 곳에서 생활하는 경우에 발바닥 아래 털이 길면 보행에 어려움을 겪게 되어 건강에 이상이 생길 수 있으므로 확인해야 한다.
- 풀밭에서 살거나 산책을 할 때 외부 기생충에 쉽게 감염될 수 있으므로 감염 여부를 수시로 파악한다.

③ 애완동물이 배변활동을 하는 곳의 특징을 파악한다.
- 젖은 화장실에서 배변하는 개의 경우에는 발이 젖어 있어 습진에 걸리기 쉽다.
- 모래에서 배변활동을 하는 고양이의 경우에는 발바닥 털에 묻은 모래가 온 방을 더럽힐 수 있으므로 애완동물이 배변활동을 하는 곳에서 발에 흙이 묻지 않는지 파악한다.

④ 파악한 생활환경을 고려하여 미용 스타일을 구상한다.

정답 ②

다음 중 고객의 특성을 파악하는 방법으로 바르지 않은 것을 고르시오.

① 고객의 가족 구성원의 특성을 파악하여 털 길이나 모양 등을 결정할 수 있다.
② 고객이 털 관리를 위해 할애할 수 있는 시간적 여유는 파악하지 않는다.
③ 동물이 주기적인 산책 등으로 털 오염 가능성이 있는지 파악한다.
④ 고객이 독특하고 개성 있는 스타일을 선호하는지, 보편적이고 무난한 스타일을 선호하는지 등을 파악한다.
⑤ 파악한 고객의 특성을 고려하여 미용 스타일을 구상한다.

② 고객이 털 관리를 위해 할애할 수 있는 시간적 여유가 있는지 파악

해설 **애완동물의 미용 스타일 제안하기**

고객의 특성 파악(17p)

① 고객의 가족 구성 및 특징을 파악한다.
- 고객의 가족 구성원의 특성을 파악하여 털 길이나 모양 등을 결정할 수 있다.

② 고객의 생활패턴을 파악한다.
- 고객이 털 관리를 위해 할애할 수 있는 시간적 여유가 있는지 파악한다.
- 동물이 주기적인 산책 등으로 털 오염 가능성이 있는지 파악한다.

③ 고객의 취향이나 성향을 파악한다.
- 고객이 독특하고 개성 있는 스타일을 선호하는지, 보편적이고 무난한 스타일을 선호하는지 등을 파악한다.

④ 파악한 고객의 특성을 고려하여 미용 스타일을 구상한다.

정답 ②

다음 중 대상에 맞는 미용 방법을 선정하는 방법으로 바르지 않은 것을 고르시오.

① 털 길이와 상관없이 실현 가능한 미용 방법을 선정한다.
② 동물이 예민한 경우에는 미용에 걸리는 시간을 최소화하는 미용 방법을 선정한다.
③ 털에 변색된 부분이 있다면 미용 후 이를 방지할 수 있는 미용 방법을 선정한다.
④ 애완동물이 민감하게 반응하거나 거부반응을 보이는 미용사의 행동이 있다면 이러한 행동을 최소화할 수 있는 미용 방법을 선정한다.
⑤ 애완동물이 안정을 취하게 할 수 있는 방법 등을 파악하고 미용할 때 활용한다.

① 털 길이에 따라 실현 가능한 미용 방법 선정

해설 **애완동물의 미용 스타일 제안하기**

대상에 맞는 미용 방법 선정(17p)

① 털 길이에 따라 실현 가능한 미용 방법을 선정한다.
② 털에 변색된 부분이 있다면 미용 후 이를 방지할 수 있는 미용 방법을 선정한다.
③ 털의 곱슬거림 정도, 상모와 하모의 유무, 모량의 많고 적음 등을 파악하여 실행 가능하고 단점을 보완할 수 있는 미용 방법을 선정한다.
④ 동물이 예민한 경우에는 미용에 걸리는 시간을 최소화하는 미용 방법을 선정한다.
⑤ 애완동물이 민감하게 반응하거나 거부반응을 보이는 미용사의 행동이 있다면 이러한 행동을 최소화할 수 있는 미용 방법을 선정한다.
⑥ 애완동물이 안정을 취하게 할 수 있는 방법 등을 파악하고 미용할 때 활용한다.

정답 ①

다음 중 클리퍼 날 사용에 대한 설명으로 바른 것을 고르시오.

① 클리퍼 날에 표기된 숫자는 정방향으로 클리핑할 경우 남는 털 길이이다.
② 정방향으로 클리핑할 때에는 두 배의 털 길이가 남는다.
③ 역방향으로 밀 경우 미용 주기가 더 짧아지고 피모 손상을 줄 우려가 적다.
④ 3mm 클리퍼는 정교한 부분을 밀 때 사용한다.
⑤ 몸 전체 클리핑 시 1mm 날을 사용한다.

해설 **다양한 클리퍼 날의 사용**

클리퍼 날의 선택(23p)

① 클리퍼 날의 사이즈에 따라 클리핑 후 남는 털의 길이가 결정된다.
② 털의 역방향으로 클리핑하는 경우 클리퍼 날에 표기된 mm의 길이로 클리핑된다.
③ 털의 정방향으로 클리핑할 경우 그 두 배 이상의 털을 남기게 된다.
④ 지나치게 짧게 클리핑하는 것은 피모에 손상을 주고, 역방향으로 클리핑하는 것보다는 정방향으로 클리핑하는 것이 피모에 손상을 덜 주므로 참고하여 클리퍼 날을 선택한다.
⑤ 1mm 날의 사용
- 전체 클리핑 시 정교한 클리핑을 해야 할 때 사용한다.
- 역방향으로 클리핑할 경우 1mm 정도의 털이 남는다.
- 3mm로 전체 클리핑 시, 3mm 클리퍼 날로는 역방향으로 털을 깎기 어려운 경우에 1mm 클리퍼 날을 정방향으로 이용한다.
- 겨드랑이의 털이 너무 많이 엉켜 있거나 귀 안쪽 부위를 미용하는 경우 3mm 클리퍼 날이 위험할 수 있으므로 1mm 클리퍼 날을 사용한다.
- 털이 자라는 데 걸리는 시간을 예상하여 고객에게 안내한다.
- 시행할 미용 스타일을 완성하기 위해 털을 기르기 위한 관리 방법을 설명한다.

정답 ②

다음 <보기>에서 설명하는 용어의 명칭을 고르시오.

클리핑하기 전에 만들어 놓는 가상선

① 아웃라인
② 언더라인
③ 인아웃라인
④ 이미지너리 라인
⑤ 아인라인

해설 **다양한 클리퍼 날의 사용**

이미지너리 라인(24p)

① 클리핑하기 전에 만들어 놓는 가상선을 뜻한다.
② 정방향으로 클리핑을 하면 털이 난 방향에 따라 이미지너리 라인을 만들 수 있다.
③ 역방향으로 클리핑을 하면 털이 난 반대 방향에 따라 이미지너리 라인을 만들 수 있다.
④ 얼굴을 클리핑할 때에는 항상 털이 난 반대 방향으로 이미지너리 라인을 만들어야 하지만, 개체 특성상 정방향으로 이미지너리 라인을 만들 수도 있다.

정답 ④

다음 중 전체 클리핑할 때 부위별 보정하는 방법이 바르게 짝지어진 것을 고르시오.

① 등 - 등이 구부러지도록 편하게 휘어지게 보정해준다.
② 뒷다리 - 관절이 편하게 움직일 수 있게 보정해준다.
③ 앞다리 - 관절이 편하게 움직일 수 있게 겨드랑이에 손을 넣어 보정해준다.
④ 가슴 - 주둥이를 잡고 얼굴 쪽을 위로 들어 올리고 보정해준다.
⑤ 머리 - 양쪽 입꼬리 부분을 아래로 당겨 보정해준다.

① 등 – 등이 구부러지거나 휘어지지 않게 곧게 펴서 보정
② 뒷다리 – 관절이 움직이지 않게 고정하여 보정
③ 앞다리 – 다리의 관절이 움직이지 않게 겨드랑에 손을 넣어 보정
⑤ 머리 – 주둥이를 잡고 바닥으로 향하게 보정

해설 **다양한 클리퍼 날의 사용**

전체 클리핑할 때 부위별 보정방법(24p)

① 등을 클리핑할 때에는 등이 구부러지거나 휘어지지 않게 곧게 펴서 보정한다.
② 뒷다리를 클리핑할 때에는 관절이 움직이지 않게 고정하여 보정한다.
③ 앞다리를 클리핑할 때에는 다리의 관절이 움직이지 않게 겨드랑에 손을 넣어 보정한다.
④ 가슴을 클리핑할 때에는 주둥이를 잡고 얼굴 쪽을 위로 들어 올리고, 얼굴을 클리핑할 때에는 양쪽 입꼬리 부분을 귀 쪽으로 당겨서 보정한다.
⑤ 머리를 클리핑할 때에는 주둥이를 잡고 바닥으로 향하게 보정한다.

정답 ④

14

다음 <보기>의 그림에서 설명하는 타입을 고르시오.

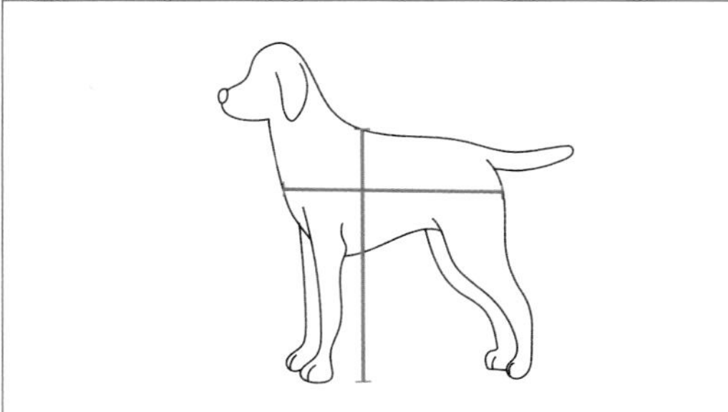

몸 높이가 몸길이보다 긴 체형으로, 몸에 비해 다리가 길다.

① 드워프 타입
② 스퀘어 타입
③ 하이온 타입
④ 볼레로 타입
⑤ 다이아 타입

해설 **시저링하기**

애완동물의 신체적 체형 파악 – 하이온 타입(50p)

<하이온 타입>

① 몸높이가 몸길이보다 긴 체형으로, 몸에 비해 다리가 길다.
② 시저링 방법
- 긴 다리를 짧아 보이게 커트한다.
- 백 라인을 짧게 커트하여 키를 작아 보이게 한다.
- 언더라인의 털을 길게 남겨 다리를 짧아 보이게 한다.

정답 ③

다음 <보기>의 그림에서 설명하는 타입을 고르시오.

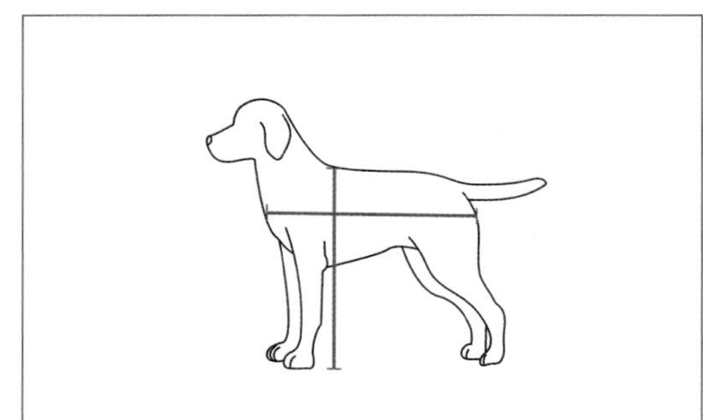

몸 길이와 몸의 높이가 1:1의 이상적인 체형이다.

① 드워프 타입
② 스퀘어 타입
③ 하이온 타입
④ 볼레로 타입
⑤ 다이아 타입

해설 시저링하기

애완동물의 신체적 체형 파악 – 스퀘어 타입(51p)

정답 ②

다음 중 드워프 타입의 시저링 방법으로 바른 것을 모두 고르시오.

① 긴 몸의 길이를 짧아 보이게 커트한다.
② 가슴과 엉덩이 부분의 털을 짧게 커트하여 몸길이를 짧아 보이게 한다.
③ 긴 다리를 짧아 보이게 커트한다.
④ 언더라인의 털을 짧게 커트하여 다리를 길어 보이게 한다.
⑤ 언더라인의 털을 길게 남겨 다리를 짧아 보이게 한다.

하이온 타입의 시저링 방법

③ 긴 다리를 짧아 보이게 커트한다.

⑤ 언더라인의 털을 길게 남겨 다리를 짧아 보이게 한다.

해설 시저링하기

애완동물의 신체적 체형 파악 – 드워프 타입(50p)

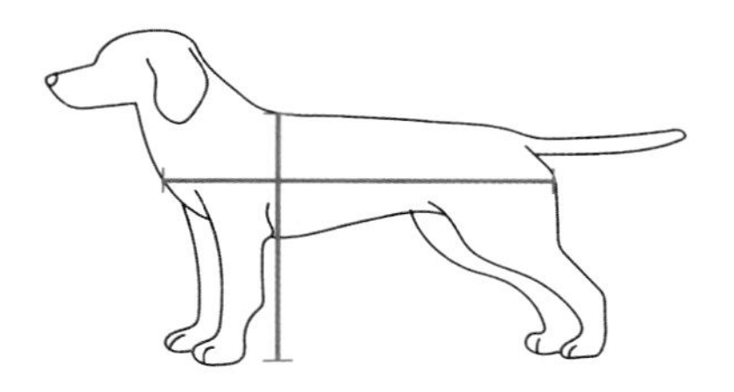

<드워프 타입>

① 몸길이가 몸높이보다 긴 체형으로, 다리에 비해 몸이 길다.
② 시저링 방법
- 긴 몸의 길이를 짧아 보이게 커트한다.
- 가슴과 엉덩이 부분의 털을 짧게 커트하여 몸길이를 짧아 보이게 한다.
- 언더라인의 털을 짧게 커트하여 다리를 길어 보이게 한다.

정답 ①, ②, ④

CHAPTER 06

다음 중 램클립의 특징에 대한 설명으로 바르지 않은 것을 고르시오.

① 클리핑 부위는 머즐, 발바닥, 발등, 복부, 항문, 꼬리이다.

② 시저링 부위는 스톱에서 크라운까지이며 볼륨감을 준다.

③ 몸통부 시저링은 백라인, 언더라인, 앞가슴이 있다.

④ 백라인을 시저링할 때 꼬리에서 엉덩이(좌골단)는 45° 각도로 각을 주어 시저링한다.

⑤ 앞가슴을 시저링할 때 아담스애플에서 볼륨감 있게 시저링한다.

④ 백라인을 시저링할 때 꼬리에서 엉덩이(좌골단)는 30° 각도로 각을 주어 시저링

해설 **시저링**

램클립의 특징(52p)

① 클리핑 부위(0.1~1mm)
- 머즐
- 발바닥, 발등, 복부, 항문
- 꼬리

② 시저링 부위
- 머리 부분: 머리 부분의 시저링은 머즐 클리핑 후 이미지너리 라인이 보이도록 잘라 주고, 얼굴 옆면과 머리를 위에서 봤을 때의 모습은 다음과 같다.

얼굴(옆면)	• 눈 끝과 귀의 끝을 일직선으로 시저링한다. • 스톱에서 크라운까지 볼륨감을 준다. • 눈 시작점에서 귀 앞부분까지의 머리부의 높이는 가장 높다.
머리	• 머리에서 목까지 밸런스에 맞추어 시저링한다. • 머리의 앞부분은 동그랗게 시저링한다.

③ 몸통

- 백라인 시저링
  - 꼬리 앞에서 위더스(기갑, 16번)까지 시저링
  - 꼬리에서 엉덩이(좌골단, 32번)는 30° 각도로 각을 주어 시저링

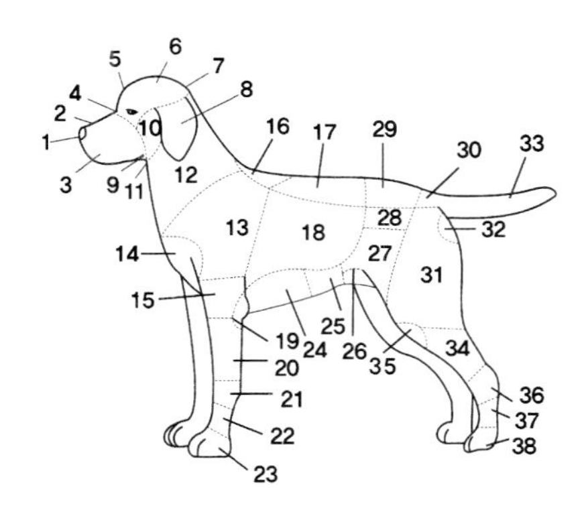

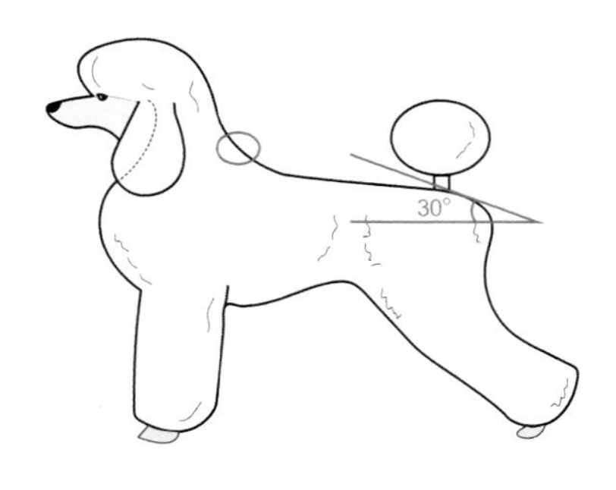

- 언더라인 시저링
  - 턱업(26번)에서 뒷다리를 잇는 아치형으로 시저링
  - 턱업(26번)에서 엘보(19번)까지 대각선으로 시저링

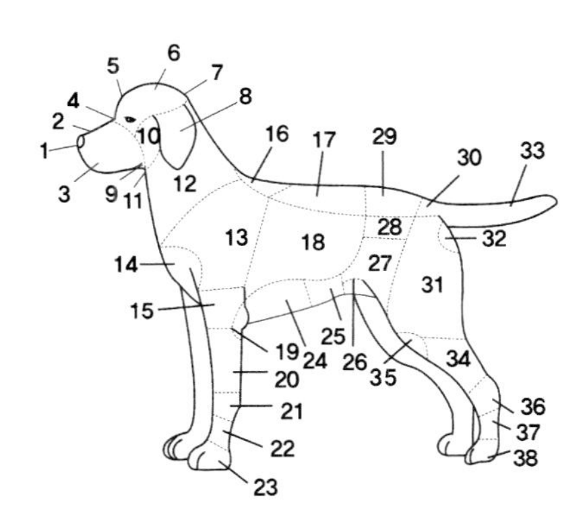

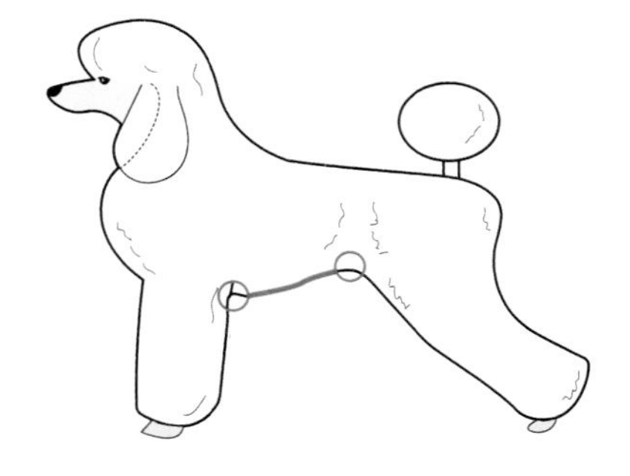

- 앞가슴 시저링
  - 아담스애플에서 볼륨감 있게 시저링
  - 위 단계에서 앞다리 시작점 전까지 시저링

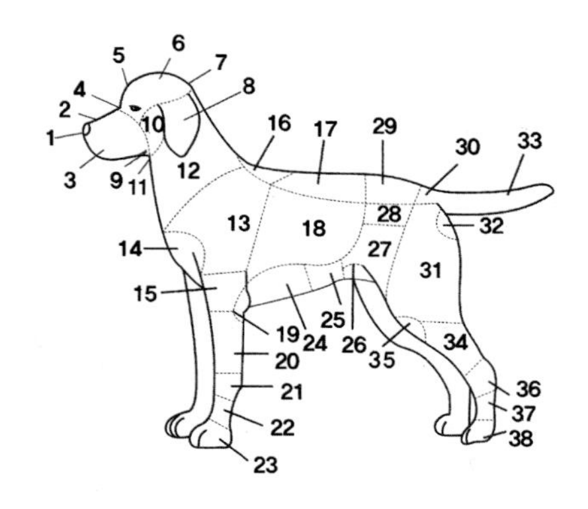

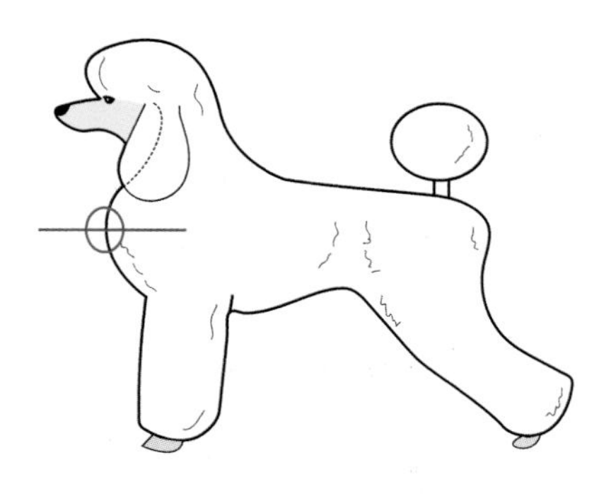

- 뒷다리 시저링
  - 엉덩이에서 비절까지 아치형으로 시저링
  - 비절(36번)에서 지면까지 일직선으로 시저링

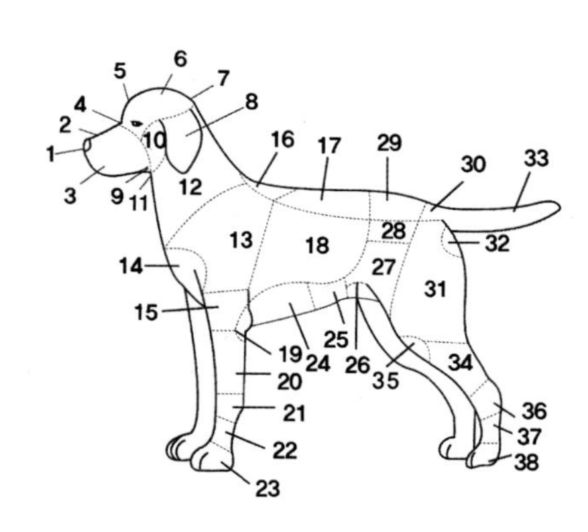

정답 ④

18

다음 중 트리밍 용어와 뜻이 바르게 연결된 것을 고르시오.

① 그루머 - 피모에 대한 일상적인 손질을 모두 포함하는 포괄적인 것
② 래핑 - 털을 가위로 자라 일직선으로 가지런히 하는 것
③ 블렌딩 - 베이싱 후 털이 튀어나오거나 뜨는 것을 막아 가지런히 하기 위해 신체를 타월로 싸 놓는 것
④ 베이싱 - 물로 코트를 적셔 샴푸로 세척하고 충분히 헹구어 내는 작업
⑤ 그리핑 - 발톱 손질

해설 **부록**

트리밍 용어(81p)

① 그루머
- 애완동물 미용사
- 동물의 피모 관리를 전문적으로 하는 사람

② 래핑
- 장모종의 긴 털을 보호하기 위해 적당한 양의 털을 나누어 래핑지로 감싸주는 작업
- 동물의 보행에 불편함이 없어야 하며 털을 보호할 수 있도록 해야 함

③ 블렌딩: 털의 길이가 다른 곳의 층을 연결하여 자연스럽게 하는 것
④ 베이싱: 물로 코트를 적셔 샴푸로 세척하고 충분히 헹구어 내는 작업
⑤ 그리핑: 트리밍 나이프로 소량의 털을 골라 뽑는 것

정답 ④

19

다음 중 트리밍 용어에 대한 설명으로 바르지 않은 것을 고르시오.

① 쇼클립은 쇼에 출진하기 위한 그루밍으로, 쇼에서 요구하는 타입의 미용 스타일을 완성해야 한다.
② 이미지너리 라인은 외부에 설정하는 가상의 선이다.
③ 커팅은 가위나 클리퍼로 털을 잘라 원하는 형태로 만들어 내는 것이다.
④ 플러킹은 트리밍 칼로 털을 뽑아 원하는 미용 스타일을 만드는 것이다.
⑤ 클리핑은 털을 가지런히 빗질하는 것이다.

해설 **부록**

트리밍 용어(81p)

① 쇼클립: 쇼에 출진하기 위한 그루밍으로 쇼에서 요구하는 타입의 미용 스타일을 완성해야 함
② 이미지너리 라인: 외부에 설정하는 가상의 선
③ 커팅: 가위나 클리퍼로 털을 잘라 원하는 형태로 만들어 내는 것
④ 플러킹: 트리밍 칼로 털을 뽑아 원하는 미용 스타일을 만드는 것
⑤ 클리핑: 클리퍼를 사용하여 스타일 완성에 불필요한 털을 잘라내는 것

정답 ⑤

20

스트리핑 후 완성된 아웃코트 위에 튀어나온 털을 뽑아 정리하는 작업의 명칭을 고르시오.

① 세트업
② 토핑오프
③ 스테이징
④ 듀플렉스 쇼튼
⑤ 스트리핑

해설 | 부록

트리밍 용어(81p)

① 세트업: 톱 노트를 형성시키기 위해 두부의 코트를 밴딩하고 세트 스프레이를 하는 작업
② 토핑오프: 스트리핑 후 완성된 아웃코트 위에 튀어나오는 털을 뽑아 정리하는 것
③ 스테이징: 미니어처 슈나우저 등에게 하는 스트리핑 방법의 순서
④ 듀플렉스 쇼튼: 듀플렉스 트리밍(Duplex trimming) 스트리핑 후 일정기간 새 털이 자라날 때까지 들뜬 오래된 털을 다시 뽑는 것
⑤ 레이킹: 스트리핑 후, 남은 오버코트나 언더코트를 일정 간격으로 제거해주는 것
⑥ 스트리핑: 트리밍 나이프를 사용해 노폐물 및 탈락된 언더코트를 제거하거나 과도한 언더코트 양을 줄이기 위해 털을 뽑아 스타일을 만들어내는 미용 방법

정답 ②

21

다음 중 드레서나 나이프를 이용하여 털을 베듯이 자르는 기법을 고르시오.

① 시닝
② 그리핑
③ 셰이빙
④ 시저링
⑤ 카딩

해설 | 부록

트리밍 용어(81p)

① 시닝: 빗살 가위로 과도하게 많은 부분의 털을 잘라내어 모량을 감소시키고 형태를 만드는 것
② 그리핑: 트리밍 나이프로 소량의 털을 골라 뽑는 것
③ 셰이빙: 드레서나 나이프를 이용하여 털을 베듯이 자르는 기법
④ 시저링: 가위로 털을 잘라내는 것
⑤ 카딩: 빗질하거나 긁어내어 털을 제거하는 미용 방법

정답 ③

트리밍 칼로 털을 뽑아 원하는 미용 스타일을 만드는 작업의 용어를 고르시오.

① 스트리핑
② 플러킹
③ 카딩
④ 초킹
⑤ 코밍

해설 **부록**

트리밍 용어(81p)

① 스트리핑: 트리밍 나이프를 사용해 노폐물 및 탈락된 언더코트를 제거하거나 과도한 언더코트 양을 줄이기 위해 털을 뽑아 스타일을 만들어 내는 미용 방법
② 플러킹: 트리밍 칼로 털을 뽑아 원하는 미용 스타일을 만드는 것
③ 카딩: 빗질하거나 긁어내어 털을 제거하는 미용 방법
④ 초킹: 냄새나 더러움을 제거하기 위해 흰색 털에 흰색을 표현할 수 있는 제품을 문질러 바르는 것
⑤ 코밍
• 털을 가지런하게 빗질하는 것
• 보통 털의 방향으로 일정하게 정리하는 것이 기본적인 의미

정답 ②

23

털의 길이가 다른 곳의 층을 연결하여 자연스럽게 하는 작업의 명칭을 고르시오.

① 밴드
② 그리핑
③ 블렌딩
④ 래핑
⑤ 밥 커트

해설 **부록**

트리밍 용어(81p)

① 밴드: 띠 모양으로 형태를 잡아 깎아 들어간 부분
② 그리핑: 트리밍 나이프로 소량의 털을 골라 뽑는 것
③ 블렌딩: 털의 길이가 다른 곳의 층을 연결하여 자연스럽게 하는 것
④ 래핑: 장모종의 긴 털을 보호하기 위해 적당한 양의 털을 나누어 래핑지로 감싸주는 작업
⑤ 밥 커트: 털을 가위로 잘라 일직선으로 가지런히 하는 것

정답 ③

다음 중 털을 좌우로 분리시키는 작업을 무엇이라고 부르는지 고르시오.

① 파팅
② 치핑
③ 스웰
④ 피킹
⑤ 트리밍

해설 | 부록

트리밍 용어(81p)

① 파팅
- 털을 좌우로 분리시키는 것
- 분리한 선은 파팅 라인이라고 함

② 치핑: 가위나 빗살 가위를 사용하여 털끝을 잘라내는 미용 방법
③ 스웰: 두부를 부풀려 볼륨 있게 모양을 낸 것
④ 피킹
- 듀플렉스 쇼트와 같은 작업
- 주로 손가락을 사용하여 오래된 털을 정리함

⑤ 트리밍
- 털을 자르거나 뽑거나 미는 등의 모든 미용 작업을 일컫는 말
- 불필요한 부분의 털을 제거하여 스타일을 만듦

정답 ①

NCS 기반

반려견 스타일리스트
3급 필기 예상문제

PART Ⅱ 실전 모의고사

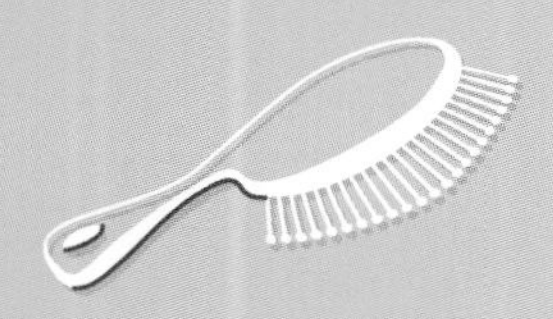

CHAPTER 01

실전 모의고사 문제편

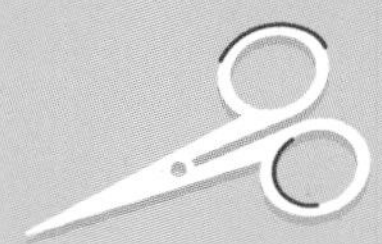

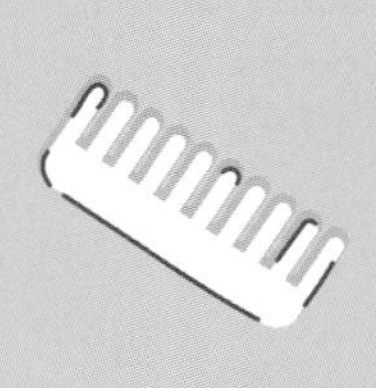

해설 123p.

작업장과 미용숍의 차이에 대한 설명으로 바르지 못한 것을 모두 고르시오.

① 원활한 작업을 위한 애완동물의 실제 미용하는 공간을 미용숍으로 구분한다.
② 애완동물 관련 용품을 전시해두는 곳은 미용숍으로 구분한다.
③ 고객과 상담을 하고 관련 용품을 전시 또는 판매하는 곳은 미용숍을 의미한다.
④ 작업장과 미용숍은 의미를 구분하여 관리한다.
⑤ 미용숍은 작업장을 포함한 공간을 말한다.

다음 중 전기 및 화재 안전수칙으로 바른 것을 모두 고르시오.

① 작업자는 피복이 벗겨진 것을 발견하면 즉시 전원을 차단한다.
② 작업자는 물기가 있는 손으로 전기 관련 작업 도구를 만진다.
③ 관리자는 소화기의 비치 장소와 사용방법을 숙지하고 있어야 한다.
④ 작업자는 하수구에 유류 제품을 버리지 않는다.
⑤ 작업자는 작업장에서 전기 고장을 발견하면 상위자에게 요청한다.

03

다음 <보기>는 몇 도 화상에 대한 설명인지 고르시오.

- 피부 전체층 손상
- 피부색 변함
- 피부 신경이 손상되면 통증이 없을 수 있음

① 1도 화상
② 2도 화상
③ 3도 화상
④ 4도 화상
⑤ 5도 화상

04

다음 <보기>는 동물에 의한 가벼운 교상 상처에 대처하는 과정에 대한 설명이다. 순서대로 바르게 나열한 것을 고르시오.

ㄱ. 피가 계속 날 경우에 15분 이상 지혈한다.
ㄴ. 멸균 거즈나 깨끗한 수건으로 상처를 압박한다.
ㄷ. 항생제 연고를 바르고 반창고나 거즈, 붕대를 이용해 상처 부위를 완전히 덮어 보호한다.
ㄹ. 심하게 붓거나 농이 나오는 경우에는 병원으로 이동한다.
ㅁ. 물과 비누를 이용하여 몇 분간 상처를 깨끗하게 씻어 준다.

① ㄱ → ㄴ → ㄹ → ㅁ → ㄷ
② ㄴ → ㄱ → ㅁ → ㄷ → ㄹ
③ ㄷ → ㄹ → ㄱ → ㄴ → ㅁ
④ ㅁ → ㄱ → ㄷ → ㄹ → ㄴ
⑤ ㅁ → ㄴ → ㄱ → ㄷ → ㄹ

다음 중 작업자가 미용도구로 발생할 수 있는 안전사고에 대한 대처법으로 바른 것을 모두 고르시오.

① 상처 부위를 클로로헥시딘이나 알코올로 소독해준다.
② 상처 부위를 클로로헥시딘이나 생리식염수를 흘려서 세척해준다.
③ 상처 부위를 포비돈으로 세척한다.
④ 상처가 심해 15분 이상 지혈해도 출혈이 멈추지 않으면 상처 부위를 깨끗한 수건으로 완전히 덮어 압박하면서 병원으로 이동한다.
⑤ 출혈이 있는 경우 바로 병원으로 이동한다.

동물의 안전사고 중 낙상에 의한 안전사고의 예방과 대처에 대한 설명으로 바른 것을 모두 고르시오.

① 동물이 의식이 있는 경우에는 동물의 걷는 행동에 이상이 있는지 또는 신체 중 어느 부분이 먼저 땅에 닿았는지 체크한다.
② 낙상 시 위급한 상황이므로 작업자는 소리를 지르면서 주변에게 알린다.
③ 낙상 후 행동 이상이나 상처 부위가 관찰되지 않으면 보호자에게 낙상 사실을 반드시 알릴 필요는 없다.
④ 낙상 후 동물을 끌어안아서 다친 위치를 확인한다.
⑤ 동물의 의식이 없는 경우 호흡과 심장 박동을 확인하며, 만약에 호흡이나 심장박동이 없는 경우 심폐소생술을 실시한다.

다음 중 피부 소독제의 종류로 바르지 않은 것을 모두 고르시오.

① 알코올
② 포비돈
③ 차아염소산나트륨
④ 과산화물
⑤ 클로르헥시딘

다음 중 클로르헥시딘에 대한 설명으로 바른 것을 모두 고르시오.

① 상처 소독보다는 손 소독으로 주로 사용하는 소독제이다.
② 2% 농도가 되도록 희석하여 사용한다.
③ 귀와 눈에 독성을 나타내므로 이 부위에는 사용하면 안 된다.
④ 4% 이상의 농도에서는 피부에 자극이 될 수 있다.
⑤ 호기성 세균의 번식을 억제하는 효과가 있다.

다음 중 100℃의 끓는 물에 소독 대상을 넣어 소독하는 방법으로, 아포나 일부 바이러스에는 효과가 없는 소독방법을 고르시오.

① 일광소독
② 자비소독
③ 자외선 소독법
④ 화학적 소독
⑤ 고압증기 멸균법

10

다음 중 작업자의 위생관리 점검 항목이 아닌 것을 고르시오.

① 헤어 ② 테이블
③ 장신구 ④ 작업복
⑤ 입 냄새

다음 중 숱을 치는 데 사용하는 가위로서 발수와 홈에 따라 절삭률이 달라지는 가위의 이름을 고르시오.

① 요술 가위
② 블런트 가위
③ 커브 가위
④ 보브 가위
⑤ 시닝 가위

다음 클리퍼에 대한 설명 중 바른 것을 모두 고르시오.

① 클리퍼 날에 표기된 mm 수치는 동물의 털을 정방향으로 클리핑할 때 남아 있는 털의 길이를 의미한다.
② 클리퍼의 윗날은 털을 자르는 역할을 한다.
③ 클리퍼의 아랫날은 두께를 조절하는 역할을 한다.
④ 클리퍼의 번호가 클수록 털의 길이가 짧게 깎인다.
⑤ 클리퍼의 번호는 제조사마다 mm 수치가 동일하다.

13

다음 중 슬리커 브러시에 대한 설명으로 바르지 않은 것을 모두 고르시오.

① 금속이나 플라스틱 재질의 판에 고무 쿠션이 붙어 있다.
② 핀의 재질이나 핀을 심은 간격, 브러시의 크기가 다양하다.
③ 동물의 털을 가르거나 래핑할 때 사용한다.
④ 엉키거나 죽은 털의 제거를 위한 빗질 등에 사용한다.
⑤ 고무 쿠션이 붙어 있고, 그 위에 구부러진 철사 모양의 쇠가 촘촘하게 박혀 있다.

필요 없는 언더코트를 자연스럽게 제거해 주는 용도로 사용되는 도구의 명칭을 고르시오.

① 코스 나이프
② 코트킹
③ 시닝 가위
④ 미디엄 나이프
⑤ 파인 나이프

15

다음 중 발톱갈이에 대한 설명으로 바르지 않은 것을 고르시오.

① 발톱을 갈아서 둥글게 다듬는 데 사용한다.
② 집게형, 니퍼형 등이 있다.
③ 동물의 발톱을 깎으면 절단면이 뾰족하고 날카로워 사람에게 상해를 입힐 수 있으므로 이것을 방지하기 위해 사용한다.
④ 충전을 하거나 건전지를 넣어 사용하는 전동식이 있다.
⑤ 사람의 손으로 양방향으로 움직여 사용하는 수동식이 있다.

장시간 사용할 때 열이 발생하는 미용도구의 냉각에 사용되며, 제품에 따라 도구를 부식시키는 성분도 포함되어 있으므로 사용 후 반드시 건조시켜야 하는 미용 소모품을 고르시오.

① 소독제
② 윤활제
③ 방향제
④ 냉각제
⑤ 지혈제

흰 털의 동물을 더욱 하얗게 보이도록 하기 위해 사용하는 미용 소모품의 종류를 고르시오.

① 초크
② 헤어 스프레이
③ 컬러 파우더
④ 이어파우더
⑤ 페인트펜

가격이 매우 저렴하고 접어서 이동이 가능하다는 장점이 있지만, 미용을 시작하기 전에 미용하는 애완동물의 크기나 상황에 맞추어 테이블의 높이를 수동으로 조절해야 하는 불편함이 있는 미용 테이블을 고르시오.

① 전동식 미용 테이블
② 테이블 고정 암
③ 유압식 미용 테이블
④ 수동 미용 테이블
⑤ 접이식 미용 테이블

강한 바람으로 털을 말리는 드라이어로 호스나 스틱형 관을 끼워 사용하며, 바닥이나 테이블 위에 올려놓고 사용하기도 하고 스탠드 위에 올려 각도를 조절하며 사용하는 드라이어를 고르시오.

① 스탠드 드라이어
② 블로 드라이어
③ 켄넬 드라이어
④ 룸 드라이어
⑤ 개인용 드라이어

20 

다음 중 테이블 고정 암의 기능으로 바른 것을 모두 고르시오.

① 미용 작업 중에만 사용한다.
② 테이블 위에 동물을 올려놓고 미용사가 자리를 비울 때 사용한다.
③ 테이블 위에 동물을 올려놓고 고객과 상담할 때 사용한다.
④ 테이블 위에 동물을 올려놓고 미용사가 휴식을 취할 때 사용한다.
⑤ 테이블 위에 동물을 올려놓고 미용할 때 동물의 추락을 방지하기 위한 장치이다.

다음 중 고객 응대 시의 방법으로 바르지 못한 것을 모두 고르시오.

① 고객이 요구하는 것을 이행하지 못하였을 경우 간접화법을 사용한다.
② 고객에게 생기 있는 목소리로 밝게 대한다.
③ 고객의 눈을 마주보며 인사하여 신뢰감을 준다.
④ 처음 방문한 고객에게는 반가움을 느낄 수 있도록 친근함을 표시한다.
⑤ 고객과 대화 시 강한 어조와 과장된 단어는 피한다.

다음 중 불만고객을 응대하는 과정으로 바르지 않은 것을 고르시오.

① 1차 동감 및 이해
② 문제 경청
③ 2차 동감 및 이해
④ 해결방법 제시
⑤ 불만 요소에 대한 해명

다음 중 작업자의 복장으로 바른 것을 모두 고르시오.

① 긴 바지나 긴 치마에 앞치마를 착용
② 굽이 낮은 신발 착용
③ 소매가 없는 작업복만 착용
④ 앞이 막힌 굽 낮은 슬리퍼 착용
⑤ 작업복 착용을 원칙으로 하고 작업 외의 시간에는 단정한 근무복을 착용

다음 중 개와 고양이 외의 애완동물 미용에 대한 설명으로 바르지 않은 것을 모두 고르시오.

① 패럿은 막혀 있는 울타리에서 대기할 수 있도록 한다.
② 원숭이는 고객과 함께 미용 작업을 하는 것이 안전하다.
③ 원숭이는 새로운 환경을 위협으로 느껴 미용 작업이 원활히 이루어지지 않을 수 있다.
④ 패럿은 특유의 냄새로 목욕을 자주 하게 된다.
⑤ 햄스터는 습기 때문에 털이 뭉치는 경우를 방지하기 위해 빠른 시간동안 물 목욕을 한다.

다음 <보기> 화법의 명칭으로 바른 것을 고르시오.

> 미용이나 방문이 예약되지 않아 작업이나 상담을 진행할 수 없을 때 "오늘 예약이 안 되어 미용이 안 됩니다." 등의 부정적인 안내를 하지 않고, 되도록 가능한 방법을 모색하여 안내하는 대화법

① 쿠션 화법
② 부정적 화법
③ 플러스 화법
④ 긍정적 화법
⑤ 설득 화법

다음 중 고양이에 대한 설명으로 바르지 않은 것을 모두 고르시오.

① 고양이 얼굴 표정으로 기분 상태를 파악할 수 있다.
② 고양이는 개처럼 복종을 하도록 교육하거나 강요로 길들일 수 없다.
③ 고양이는 낯선 공간에서 친밀감을 형성하기가 쉽다.
④ 고양이 꼬리로 기분 상태를 파악할 수 있다.
⑤ 경계심 강한 고양이는 재빠르게 안아서 케이지에 옮긴다.

원활한 미용 작업을 위해 개의 인사법에 대한 설명으로 바르지 않은 것을 모두 고르시오.

① 경계심이 강한 강아지는 간식을 주어 친해지도록 한다.
② 목줄을 한 개인 경우, 개를 향해 똑바로 서서 고개를 숙이고 줄을 잡아당기며 얼굴을 빤히 들여다보면 개의 움직임을 중지시키는 효과가 있다.
③ 활동량이 많은 개는 공이나 장난감을 이용해 즐거운 공간이라고 인식시킨다.
④ 고객이 안고 있는 개를 전달 받을 시 개의 앞쪽으로 전달 받는다.
⑤ 교상 방지를 위해 개에게 접근하기 전에 고객에게 개의 성향을 묻고 접근한다.

다음 중 차트에 기록할 애완동물 정보에 관한 사항으로 바르지 않은 것을 모두 고르시오.

① 애완동물의 나이
② 애완동물의 이름
③ 애완동물이 좋아하는 간식
④ 애완동물의 품종
⑤ 애완동물의 입양날짜

다음 <보기> 화법의 명칭으로 바른 것을 고르시오.

고객과 애완동물의 행동과 외모의 변화에 관심을 보이며 대화하는 방법과 배려하는 말투로 칭찬, 날씨 등을 이야기하며 대화하는 방법

① 쿠션 화법
② 부정적 화법
③ 플러스 화법
④ 긍정적 화법
⑤ 설득 화법

미용가격의 책정에서 추가비용에 영향을 주는 요소가 아닌 것을 고르시오.

① 애완동물의 미용 기법
② 애완동물의 중성화 수술 여부
③ 애완동물의 체중
④ 애완동물의 엉킴 정도
⑤ 애완동물의 털 길이

다음 중 주모가 바로 서 있게 도와주며 보온과 피부 보호의 역할을 하는 기관을 고르시오.

① 부모 ② 피하지방
③ 표피 ④ 피지선
⑤ 입모근

다음 중 입모근에 대한 설명으로 올바른 것을 고르시오.

① 피부의 외층 부위를 말한다.
② 항균작용을 하고 페로몬 성분을 함유한다.
③ 추위나 공포를 느꼈을 때 털을 세우는 근육이다.
④ 피부 아래와 근육 사이에 있는 지방이다.
⑤ 피부 보호 역할을 한다.

다음 중 목욕 전 빗질을 해야 하는 이유로 바르지 않은 것을 모두 고르시오.

① 육안으로는 엉킨 털이 보이지 않기 때문에
② 클리핑을 수월하게 하기 위해
③ 엉킨 털이 물에 젖으면 더욱 단단한 상태가 되기 때문에
④ 엉킨 털로 인해 작업시간이 길어지기 때문에
⑤ 반려견의 성향을 파악하기 위해

다음 중 보호털에 비해 짧고 부드러우며 단열재 역할을 하는 털을 고르시오.

① 아웃 오브 코트(모량이 부족하거나 탈모가 된 상태)
② 솜털
③ 스탠드 오브 코트(개립모)
④ 촉각털
⑤ 스테이링 코트

다음 중 와이어 코트를 가진 견종을 고르시오.

① 와이헤어드 닥스훈트
② 에어데일테일러
③ 요크셔테리어
④ 보스턴테리어
⑤ 말티즈

다음 중 드라잉 시 털이 들뜨고 곱슬거리는 채로 건조되는 것을 막기 위해 타월로 몸을 감싸며 건조할 부위만 나누어 드라잉하는 기법의 명칭을 고르시오.

① 타월링 ② 새킹
③ 핸드드라이 ④ 플러프드라이
⑤ 켄넬드라이

다음 중 항문낭에 대한 설명으로 바르지 않은 것을 모두 고르시오.

① 항문선이 붓거나 막힌 경우 항문낭 수술로 제거해야 할 수도 있다.
② 항문의 3시와 9시 방향에 있으며 부드럽게 올려서 짜 준다.
③ 항문낭에 문제가 생기면 동물이 핥거나 엉덩이를 끄는 행동을 보인다.
④ 항문낭은 개체마다 특색 있는 채취를 담은 항문 오른쪽에 위치한 주머니이다.
⑤ 항문낭은 꾸준한 점검과 관리를 필요로 한다.

다음 중 린스에 대한 설명으로 바르지 않은 것을 모두 고르시오.

① 린스는 정전기 방지제, 보습제, 수분, 오일 등의 성분으로 구성되어 있다.
② 린스의 희석액은 털의 상태에 따라 농도를 조절하여 사용한다.
③ 적당량의 린스 원액을 애완동물의 크기에 따라 린스한다.
④ 린스는 오일 성분으로 인하여 털에 윤기와 광택을 준다.
⑤ 린스는 샴핑으로 산성화된 상태를 중화시키는 일이다.

다음 <보기>의 설명에 해당하는 드라이 종류에 대해 고르시오.

- 케이지 드라이어라고도 한다.
- 목욕 후 수분 제거를 잘 해주면 드라잉을 빨리 마칠 수 있다.

① 켄넬 드라이어
② 플러프 드라이어
③ 룸 드라이어
④ 핸드 드라이어
⑤ 타월링

다음 중 드라이어로 털을 건조시키는 방법에 대한 설명으로 바르지 않은 것을 모두 고르시오.

① 드라잉 순서를 정하여 빠짐없이 꼼꼼하게 드라이한다.
② 털의 흐름과 난 방향에 반대 방향으로 드라이한다.
③ 마무리 시 스프레이나 컨디셔너를 뿌려준다.
④ 드라이 후 엉킨 털이 남아있는지 콤으로 점검한다.
⑤ 드라이어로 귀, 머리, 배, 꼬리 안쪽의 덜 마른 부위를 꼼꼼히 말려준다.

핀의 간격이 넓은 면은 털을 세우거나 엉킨 털을 제거할 때 사용하고, 핀의 간격이 좁은 면은 털을 섬세하게 세울 때 사용하는 콤의 종류를 고르시오.

① 콤 ② 푸들 콤
③ 실키 콤 ④ 페이스 콤
⑤ 마운틴 콤

다음 중 동날에 연결된 원형의 고리로 엄지손가락을 끼워 조작하는 가위의 부위별 명칭을 고르시오.

① 약지환 ② 엄지환
③ 동날 ④ 소지걸이
⑤ 선회축

클리퍼 날에 대한 설명으로 바르지 않은 것을 모두 고르시오.

① 2mm는 개체의 몸통부를 클리핑한다.
② 0.1~1mm는 주둥이, 발바닥, 발등, 항문, 꼬리 등을 클리핑한다.
③ 클리퍼 날의 mm 숫자가 작을수록 날의 간격이 넓다.
④ 클리퍼 날의 mm 숫자가 클수록 피부에 상처를 입힐 수 있는 위험성이 높다.
⑤ 2mm는 슈나우저, 코커스패니얼의 얼굴부 등을 클리핑한다.

발톱의 구조에 대한 설명으로 바르지 않은 것을 모두 고르시오.

① 개는 앞발에 네 개의 발톱이 있다.
② 발톱은 지면으로부터 발을 보호하기 위해 부드럽게 되어 있다.
③ 발톱에는 신경과 혈관이 연결되어 있다.
④ 발톱이 자라면 혈관과 신경도 같이 자란다.
⑤ 고양이는 뒷발에 다섯 개의 발톱이 있다.

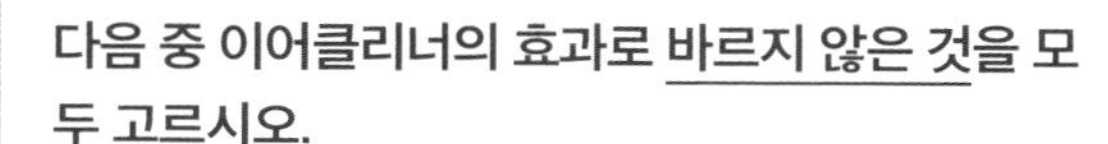

다음 중 이어클리너의 효과로 바르지 않은 것을 모두 고르시오.

① 피부 자극과 피부 장벽을 느슨하게 한다.
② 귀지를 용해해준다.
③ 귓속의 악취를 제거해준다.
④ 모공을 수축한다.
⑤ 귓속의 이물질을 제거해준다.

귀의 구조에서 중이를 보호하고 이소골을 진동시켜 소리를 내이로 전달하는 기능을 하는 부위의 명칭을 고르시오.

① 달팽이관
② 반고리관
③ 고실
④ 고막
⑤ 유스타키오관

다음 중 기본 클리핑에 대한 설명으로 바른 것을 고르시오.

① 개와 고양이에게 0.1~1.0mm의 클리퍼 날을 이용하여 발바닥, 항문, 복부, 귀, 꼬리, 얼굴 부위의 털을 제거하는 작업이다.
② 개와 고양이에게 0.1~3.0mm의 클리퍼 날을 이용하여 발바닥, 귀, 꼬리, 얼굴 부위의 털을 제거하는 작업이다.
③ 개와 고양이에게 0.1~1.0mm의 클리퍼 날을 이용하여 발바닥, 복부, 귀, 꼬리, 얼굴 부위의 털을 제거하는 작업이다.
④ 소형 클리퍼를 사용하여 클리핑하는 기술이다.
⑤ 개와 고양이에게 0.1~3.0mm의 클리퍼 날을 이용하여 발바닥, 항문, 복부, 귀, 꼬리, 얼굴 부위의 털을 제거하는 작업이다.

복부 클리핑의 범위에 대한 내용으로 바른 것을 고르시오.

① 암컷은 배꼽 위에서 역U자형으로 클리핑한다.
② 수컷은 배꼽 위에서 역U자형으로 클리핑한다.
③ 암컷은 배꼽 위에서 역V자형으로 클리핑한다.
④ 암컷은 배꼽 위에서 U자형으로 클리핑한다.
⑤ 수컷은 배꼽 위에서 V자형으로 클리핑한다.

다음 중 포메라이언 발에 대한 설명으로 바르지 않은 것을 모두 고르시오.

① 발의 모양을 동그랗게 시저링한다.
② 풋라인을 시저링한다.
③ 발톱이 보이게 시저링한다.
④ 대표 견종으로 포메라니안이 있다.
⑤ 발바닥을 클리핑한다.

심하게 말려 올라가 등 가운데 짊어진 꼬리로, 꼬리 끝 털의 길이를 시저링하는 꼬리의 종류를 고르시오.

① 컬드 테일
② 게이 테일
③ 스냅 테일
④ 스턴
⑤ 훅 테일

고객에게 시간적 여유가 없을 때 제안하는 미용 스타일로 바르지 않은 것을 모두 고르시오.

① 보행에 방해가 되는 발바닥 아래의 털을 짧게 유지할 수 있는 미용 스타일을 제안한다.
② 털 손질이 간단한 스타일을 제안한다.
③ 빗질을 최소화할 수 있는 스타일을 제안한다.
④ 앞으로 털을 관리하여 이후 고객이 원하는 미용을 할 수 있도록 틀을 잡아주는 미용을 선택한다.
⑤ 얼굴 부위는 짧은 스타일을 제안한다.

다음 중 포스트 클리핑에 대한 설명으로 바르지 못한 것을 모두 고르시오.

① 등이나 엉덩이, 허벅지 등에 생긴다.
② 털을 깎은 자리에 털이 다시 자라나지 않는 피부병의 일종이다.
③ 스무스 헤어드 폭스테리어와 같은 단모종에서 주로 나타나며, 털을 짧게 미용하는 고양이에게서는 발생하지 않는다.
④ 시간이 지나면 털이 다시 정상적인 상태가 아닌 듬성듬성 자라는 모습을 보인다.
⑤ 모공의 영구적인 손상이 일어난다.

고양이 발톱 관리 방법으로 바른 것을 모두 고르시오.

① 발톱을 너무 짧게 깎으면 고양이가 물건을 잡지 못한다.
② 발톱을 깎으면 사람을 물 수 있으며 우울해지기 쉽다.
③ 발톱을 너무 짧게 깎으면 달리고 오르는 일 등을 제대로 할 수 없다.
④ 실내에서 키우는 고양이는 발톱이 빠르게 자라므로 짧게 깎아 관리한다.
⑤ 발톱갈기를 할 수 있는 나무판자나 나무빨래판과 같은 도구를 제공한다.

대상에 맞는 미용 방법을 선정하는 방법으로 바르지 못한 것을 모두 고르시오.

① 동물이 예민한 경우에는 미용에 걸리는 시간을 최소화하는 미용 스타일을 선정하여야 한다.
② 털 색에 따라 실현 가능한 미용 방법을 선정하여야 한다.
③ 애완동물이 안정을 취할 수 있는 방법을 파악하고 미용할 때 활용하여야 한다.
④ 털이 변색된 부분이 있다면 변색의 원인에 따라 이를 방지할 수 있는 미용 스타일을 선정하여야 한다.
⑤ 미용 시 보호자는 애완동물의 이름을 들려주어 안정을 취하게 한다.

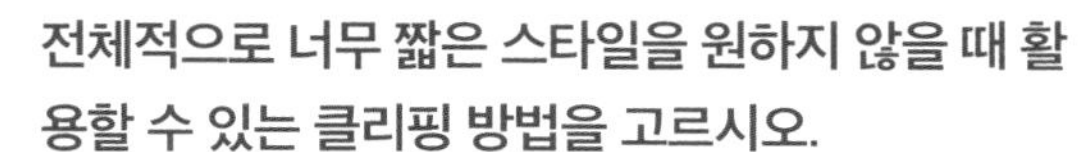

전체적으로 너무 짧은 스타일을 원하지 않을 때 활용할 수 있는 클리핑 방법을 고르시오.

① 1mm 역방향 클리핑
② 3mm 역방향 클리핑
③ 3mm 정방향 클리핑
④ 10mm 정방향 클리핑
⑤ 20mm 정방향 클리핑

모질이 굵고 건강하여 콤으로 빗질하였을 때 털이 잘 서는 모질에 사용하며, 전반적인 커트와 마무리 작업에 사용되는 가위의 종류를 고르시오.

① 커브 가위
② 시닝 가위
③ 블런트 가위
④ 보브 가위
⑤ 요술 가위

푸들의 램 클립 커브 방법으로 바르지 못한 것을 모두 고르시오.

① 턱업에서 엘보까지 대각선으로 시저링한다.
② 꼬리의 1/3을 클리핑한다.
③ 엉덩이에서 비절까지 아치형으로 시저링한다.
④ 하퇴부에서 지면까지 일직선으로 시저링한다.
⑤ 눈 끝과 귀 끝은 대각선으로 시저링한다.

몸 길이와 몸 높이의 길이가 1:1의 이상적인 체형의 명칭을 고르시오.

① 드워프
② 코비
③ 스퀘어
④ 클로디
⑤ 하이온

긁어내거나 빗질하여 털을 제거하는 미용 방법을 뜻하는 용어를 고르시오.

① 커팅(Cutting)
② 클리핑(Clipping)
③ 카딩(Carding)
④ 토핑오프(Topping-off)
⑤ 화이트닝(Whitening)

다음 중 브러싱(Brushing)의 정의를 고르시오.

① 냄새나 더러움을 제거하기 위하여 하얀 털에 흰색을 표현할 수 있는 제품을 문질러 바르는 것
② 오일을 피부에 발라 브러싱하는 것
③ 베이싱을 한 후 털이 튀어나오거나 뜨는 것을 막아 가지런히 하기 위해 신체를 타월로 싸놓는 것
④ 털 길이가 다른 곳의 층을 연결해 자연스럽게 하는 것
⑤ 브러시를 이용하여 빗질하는 것으로, 피부를 자극하여 마사지 효과를 내고 노폐모와 탈락모를 제거하는 것

NCS 기반

반려견 스타일리스트
3급 필기 예상문제

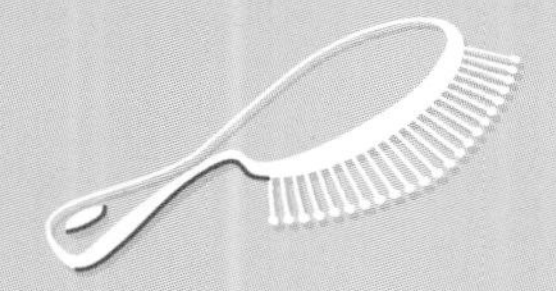

CHAPTER 02

실전 모의고사 해설편

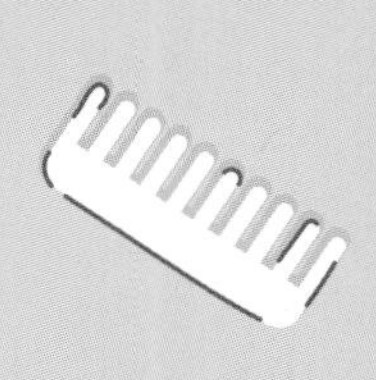

문제 109p.

01	02	03	04	05
①, ⑤	①, ④, ⑤	③	⑤	②, ④
06	07	08	09	10
①, ⑤	③, ④	③, ④	②	②
11	12	13	14	15
⑤	②, ③, ④	③, ④	②	②
16	17	18	19	20
④	①	④	②	①, ⑤
21	22	23	24	25
①, ④	⑤	①, ⑤	①, ⑤	①
26	27	28	29	30
③, ⑤	①, ④	③, ⑤	③	②
31	32	33	34	35
①	③	②, ⑤	②	①
36	37	38	39	40
②	②, ④	③, ⑤	①	②, ⑤
41	42	43	44	45
①	②	①, ③	①, ②, ⑤	①, ④
46	47	48	49	50
④	①	①	①, ②	①
51	52	53	54	55
①, ④	②, ③, ⑤	①, ②, ③, ⑤	②, ⑤	④
56	57	58	59	60
③	④, ⑤	③	③	⑤

01 정답 ①, ⑤

① 원활한 작업을 위한 애완동물의 실제 미용하는 공간을 작업장으로 구분한다.
⑤ 미용숍은 작업장 외의 공간이다.

02 정답 ①, ④, ⑤

② 작업자는 물기가 있는 손으로 전기 관련 작업 도구를 만지지 않는다.
③ 작업자는 소화기의 비치 장소와 사용방법을 숙지하고 있어야 한다.

03 정답 ③

3도 화상의 특징
- 피부 전체층 손상
- 피부색 변함
- 피부 신경이 손상되면 통증이 없을 수 있음

04 정답 ⑤

가벼운 교상 상처에 대처하는 과정
① 물과 비누를 이용하여 몇 분간 상처를 깨끗하게 씻어 준다.
② 멸균 거즈나 깨끗한 수건으로 상처를 압박한다.
③ 피가 계속 날 경우에 15분 이상 지혈한다.
④ 항생제 연고를 바르고 반창고나 거즈, 붕대를 이용해 상처 부위를 완전히 덮어 보호한다.
⑤ 심하게 붓거나 농이 나오는 경우에는 병원으로 이동한다.

05 정답 ②, ④

① 상처 부위를 클로로헥시딘이나 포비돈으로 소독해준다.

06 정답 ①, ⑤

②, ④ 낙상 시 작업자는 당황해서 소리를 지르거나 급하게 동물을 끌어안는 등의 행동은 삼가야 한다.
③ 낙상 후 행동 이상이나 상처 부위가 관찰되지 않더라도 반드시 보호자에게 낙상 사실을 알린다.

07 정답 ③, ④

③ 차아염소산나트륨, ④ 과산화물은 화학소독제의 종류이다.

08 정답 ③, ④

① 손 소독과 상처 소독에 모두 사용이 가능한 광범위 소독제이다.
② 0.5% 농도가 되도록 희석하여 사용한다.
⑤ 과산화수소는 호기성 세균을 억제하는 효과가 있다.

09 정답 ②

자비소독은 100℃의 끓는 물에 소독 대상을 넣어 소독하는 방법으로, 아포나 일부 바이러스에는 효과가 없다.

10 정답 ②

작업자의 위생관리 점검 항목은 헤어, 장신구, 작업복, 입 냄새이다.

11 정답 ⑤

시닝 가위
- 숱가위라고도 부르며 숱을 치는 데 사용하는 가위이다.
- 발수와 홈에 따라 절삭률이 달라지므로 용도에 맞는 가위를 선택하여 사용한다.

12 정답 ②, ③, ④

① 클리퍼 날에 표기된 mm 수치는 동물의 털을 역방향으로 클리핑할 때 남아 있는 털의 길이를 의미한다.
⑤ 클리퍼의 번호는 제조사마다 약간씩 편차가 있다.

13 정답 ③, ④

③ 꼬리빗은 동물의 털을 가르거나 래핑할 때 사용한다.
④ 콤은 엉키거나 죽은 털의 제거를 위한 빗질 등에 사용한다.

14 정답 ②

② 코트킹은 필요 없는 언더코트를 자연스럽게 제거해 주는 도구이다.

15 정답 ②

② 발톱깎이의 종류로는 집게형, 니퍼형, 기오틴형 등이 있다.

16 정답 ④

④ 냉각제는 장시간 사용할 때 열이 발생하는 미용도구의 냉각에 사용되며, 제품에 따라 도구를 부식시키는 성분도 포함되어 있으므로 사용 후 반드시 건조시켜야 하는 미용 소모품을 말한다.

17 정답 ①

① 초크는 흰 털의 동물이 더욱 하얗게 보이도록 사용하는 미용 소모품이다.

18 정답 ④

④ 수동 미용 테이블은 가격이 매우 저렴하고 접어서 이동이 가능하다는 장점이 있지만, 미용을 시작하기 전에 미용하는 애완동물의 크기나 상황에 맞추어 테이블의 높이를 수동으로 조절해야 하는 불편함이 있는 미용 테이블이다.

19 정답 ②

② 블로 드라이어는 강한 바람으로 털을 말리는 드라이어로 호스나 스틱형 관을 끼워 사용한다. 바닥이나 테이블 위에 올려놓고 사용하기도 하고 스탠드 위에 올려 각도를 조절하며 사용하는 드라이어이다.

20 정답 ①, ⑤

① 테이블 고정 암은 미용 작업 중에만 사용한다.
⑤ 테이블 고정 암은 테이블 위에 동물을 올려놓고 미용할 때 동물의 추락을 방지하기 위한 장치이다.

21 정답 ①, ④

① 고객이 요구하는 것을 이행하지 못하였을 경우 긍정적 화법을 사용한다.
④ 재방문 고객에게는 반가움을 느낄 수 있도록 친근함을 표시한다.

22 정답 ⑤

⑤ 고객의 마음에 공감을 다시 표현하고 정중하게 잘못에 대해 인정한다.

23 정답 ①, ⑤

②, ④ 앞이 막힌 굽 낮은 신발을 착용한다.
③ 생활복은 착용하지 않는다.

24 정답 ①, ⑤

① 패럿은 막혀 있는 이동장에서 대기할 수 있도록 한다.
⑤ 햄스터는 습기 때문에 털이 뭉치는 경우가 생길 때는 전용 모래를 사용하여 목욕한다.

25 정답 ①

쿠션 화법은 미용이나 방문이 예약되지 않아 작업이나 상담을 진행할 수 없을 때 "오늘 예약이 안 되어 미용이 안 됩니다." 등의 부정적인 안내를 하지 않고, 되도록 가능한 방법을 모색하여 안내하는 대화법이다.

26 정답 ③, ⑤

③ 고양이는 낯선 공간에서 친밀감을 형성하기가 어렵다.
⑤ 경계심 강한 고양이의 경우에는 안지 않으며, 불가피하게 안아야 한다면 고양이의 목덜미를 잡고 빠르게 케이지에 옮긴다. 이때 발이나 아랫배는 만지지 않는다.

27 정답 ①, ④

① 애완동물의 질병, 피모 상태, 고객의 취향에 따라 간식을 줄 수 없는 경우도 있으므로 고객에게 미리 양해를 구하거나 먹어도 되는 것인지 확인한다.
④ 고객이 안고 있는 개를 전달 받을 시 개의 등쪽으로 전달 받는다.

28 정답 ③, ⑤

③, ⑤ 애완동물의 특성 등을 기록해야 한다.

29 정답 ③

③ 플러스 화법은 고객과 애완동물의 행동과 외모의 변화에 관심을 보이며 대화하는 방법과 배려하는 말투로 칭찬, 날씨 등을 이야기하며 대화하는 방법이다.

30 정답 ②

② 미용가격의 책정에서 추가비용에 영향을 주는 요소에는 체중, 품종, 크기, 털 길이, 미용 기법, 엉킴 정도, 지역과 애완동물 숍의 전문성이 있다.

31 정답 ①

① 부모는 주모가 바로 서 있게 도와주며, 보온과 피부 보호의 역할을 하는 털을 말한다.

32 정답 ③

③ 입모근은 추위나 공포를 느꼈을 때 털을 세우는 근육이다.

33 정답 ②, ⑤

② 드라잉을 수월하게 하기 위해 빗질을 한다.
⑤ 목욕 전 빗질을 해야 하는 이유는 반려견의 성향을 파악하기 위한 것이 아니다.

34 정답 ②

② 솜털은 보호털에 비해 짧고 부드러우며 단열재 역할을 하는 털이다.

35

정답 ①

① 와이어 코트를 가진 견종에는 와이헤어드 닥스훈트, 노리치테리어, 와이어헤어드 폭스테리어 등이 있다.

36

정답 ②

② 새킹은 드라잉 시 털이 들뜨고 곱슬거리는 채로 건조되는 것을 막기 위해 타월로 몸을 감싸며 건조할 부위만 나누어 드라잉하는 것이다.

37

정답 ②, ④

② 항문의 4시와 8시 방향에 있으며 부드럽게 올려서 짜 준다.

④ 항문낭은 개체마다 특색 있는 채취를 담은 항문 양쪽에 위치한 주머니이다.

38

정답 ③, ⑤

③ 농축 형태의 린스를 용기에 적당한 농도로 희석하여 사용한다.

⑤ 린스는 샴핑으로 알칼리화된 상태를 중화시키는 일이다.

39

정답 ①

① 켄넬 드라이어는 케이지 드라이어라고도 하며, 목욕 후 수분 제거를 잘 해주면 드라잉을 빨리 마칠 수 있는 드라이어다.

40

정답 ②, ⑤

② 털의 흐름과 난 방향에 맞게 드라이한다.

⑤ 드라이어로 귀, 머리, 배, 다리 안쪽의 덜 마른 부위를 꼼꼼히 말려준다.

41

정답 ①

① 콤의 핀 간격이 넓은 면은 털을 세우거나 엉킨 털을 제거할 때 사용하고, 핀 간격이 좁은 면은 털을 섬세하게 세울 때 사용한다.

42

정답 ②

② 엄지환은 가위의 부위별 명칭으로, 동날에 연결된 원형의 고리로 엄지손가락을 끼워 조작하는 부위를 말한다.

43

정답 ①, ③

① 3~20mm는 개체의 몸통부를 클리핑한다.

③ 클리퍼 날의 mm 숫자가 작을수록 날의 간격이 좁다.

44

정답 ①, ②, ⑤

① 개는 앞발에 다섯 개의 발톱이 있다.

② 발톱은 지면으로부터 발을 보호하기 위해 단단하게 되어 있다.

⑤ 고양이는 뒷발에 네 개의 발톱이 있다.

45

정답 ①, ④

이어파우더의 효과

① 피부 자극과 피부 장벽을 느슨하게 한다.

④ 모공을 수축한다.

46

정답 ④

④ 고막은 귀의 구조에서 중이를 보호하고 이소골을 진동시켜 소리를 내이로 전달하는 기능을 갖고 있다.

47 정답 ①

① 기본 클리핑은 개와 고양이에게 0.1~1.0mm의 클리퍼 날을 이용하여 발바닥, 항문, 복부, 귀, 꼬리, 얼굴 부위의 털을 제거하는 작업이다.

48 정답 ①

① 암컷은 배꼽 위에서 역U자형으로 클리핑한다.

49 정답 ①, ②

① 동그란 발 미용: 발의 모양을 동그랗게 시저링한다.
② 푸들 발 미용: 풋라인을 시저링한다.

50 정답 ①

① 컬드 테일은 심하게 말려 올라가 등 가운데 젖어진 꼬리로, 꼬리 끝 털 길이를 시저링하는 꼬리이다.

51 정답 ①, ④

① 애완동물이 미끄러운 곳에서 생활할 때 보행에 방해가 되는 발바닥 아래의 털을 짧게 유지할 수 있는 미용 스타일을 제안한다.
④ 애완동물의 현재 털 길이가 짧으나 고객이 털이 긴 미용 스타일을 원할 때는, 앞으로 털을 관리하여 이후 고객이 원하는 미용을 할 수 있도록 틀을 잡아주는 미용을 선택한다.

52 정답 ②, ③, ⑤

② 털을 깎은 자리에 털이 다시 자라나지 않는 증세로, 피부병으로 오해받기도 한다.
③ 스무스 헤어드 폭스테리어와 같은 단모종에서 주로 나타나며 털을 짧게 미용하는 고양이에게서도 발생한다.
⑤ 모공의 영구적인 손상이 아니기 때문에 털이 다시 자라지만, 시간이 오래 걸려 외관상의 문제가 있다.

53 정답 ①, ②, ③, ⑤

④ 실내에서 키우는 고양이는 발톱의 끝 부분을 조금만 잘라주어야 하며, 너무 짧게 깎거나 제거해서는 안 된다.

54 정답 ②, ⑤

② 털 길이에 따라 실현 가능한 미용 방법을 선정하여야 한다.
⑤ 미용 시 보호자가 애완동물의 이름을 들려주면 애완동물은 미용을 거부하고 심하게 움직이는 등 미용 작업에 지장을 주게 된다.

55 정답 ④

④ 10mm 정방향 클리핑은 전체적으로 너무 짧은 스타일을 원하지 않을 때 활용한다.

56 정답 ③

③ 블런트 가위는 모질이 굵고 건강하여 콤으로 빗질하였을 때 털이 잘 서는 모질에 사용하며, 전반적인 커트와 마무리 작업에 사용되는 가위이다.

57 **정답 ④, ⑤**

④ 비절에서 지면까지 일직선으로 시저링한다.
⑤ 눈 끝과 귀 끝은 일직선으로 시저링한다.

58 **정답 ③**

③ 스퀘어는 몸 길이와 몸 높이의 길이가 1:1의 이상적인 체형의 명칭을 말한다.

59 **정답 ③**

③ 카딩(Carding)은 긁어내거나 빗질하여 털을 제거하는 미용 방법을 말한다.

60 **정답 ⑤**

⑤ 브러싱(Brushing)은 브러시를 이용하여 빗질하는 것으로, 피부를 자극하여 마사지 효과를 내고 노폐모와 탈락모를 제거하는 기법이다.

부록 트리밍 용어

1	그루머(Groomer)	• 애완동물 미용사 • 동물의 피모 관리를 전문적으로 하는 사람으로 트리머(Trimmer)라고 부르기도 함
2	그루밍(Grooming)	• 피모에 대한 일상적인 손질을 모두 포함하는 포괄적인 것 • 몸을 청결하게 하고 건강하게 하기 위한 브러싱, 베이싱, 코밍, 트리밍 등의 피모에 대한 모든 작업을 포함
3	그리핑(Gripping)	트리밍 나이프로 소량의 털을 골라 뽑는 것
4	네일 트리밍 (Nail trimming)	발톱 손질
5	듀플렉스 쇼튼 (Duplex-shorten)	듀플렉스 트리밍(Duplex trimming) 스트리핑 후 일정 기간 새 털이 자라날 때까지 들뜬 오래된 털을 다시 뽑는 것
6	드라잉(Drying)	• 드라이어로 코트를 말리는 과정 • 모질이나 품종의 스탠더드에 따라 여러 가지 드라이 방법을 달리 활용할 수 있음
7	래핑(Wrapping)	• 장모종의 긴 털을 보호하기 위해 적당한 양의 털을 나누어 래핑지로 감싸주는 작업 • 동물의 보행에 불편함이 없어야 하며 털을 보호할 수 있도록 해야 함
8	레이저 커트(Razor cut)	면도날로 털을 잘라 내는 것
9	레이킹(Raking)	스트리핑 후 남은 오버코트나 언더코트를 일정 간격으로 제거해 주는 것
10	린싱(Rinsing)	• 샴푸 후 린스를 뿌려 코트를 마사지하고 헹구어 내는 작업 • 털을 부드럽게 하여 정전기를 방지하고 샴푸로 인한 알칼리 성분을 중화하는 작업
11	밥 커트(Bob cut)	털을 가위로 잘라 일직선으로 가지런히 하는 것
12	밴드(Band)	띠 모양으로 형태를 잡아 깎아 들어간 부분
13	베이싱(Bathing)	• 목욕·입욕 • 물로 코트를 적셔 샴푸로 세척하고 충분히 헹구어 내는 작업

14	브러싱(Brushing)	• 브러시를 이용하여 빗질하는 것 • 피부를 자극하여 마사지 효과를 주고 노폐모와 탈락모를 제거함 • 피부의 혈액 순환을 좋게 하고 신진대사를 촉진하여 건강한 피모가 되도록 함 • 엉킨 털 뭉치를 제거하고 피모를 청결하게 함
15	블렌딩(Blending)	털의 길이가 다른 곳의 층을 연결하여 자연스럽게 하는 것
16	블로 드라잉 (Blow drying)	드라이어를 사용하여 코트를 말리는 작업
17	새킹(Sacking)	베이싱 후 털이 튀어나오거나 뜨는 것을 막아 가지런히 하기 위해 신체를 타월로 싸놓는 것
18	샴핑(Shampooing)	• 샴푸를 이용하여 씻기는 것 • 몸을 따뜻한 물로 적시고 손가락으로 마사지하여 세척한 후 헹구어 내는 작업
19	세트 스프레이 (Set spray)	톱 노트 부분의 코트를 세우기 위해 스프레이 등을 뿌리는 작업
20	세트업(Set up)	톱 노트를 형성시키기 위해 두부의 코트를 밴딩하고 세트 스프레이를 하는 작업
21	셰이빙(Shaving)	드레서나 나이프를 이용하여 털을 베듯이 자르는 기법
22	쇼 클립(Show clip)	• 쇼에 출진하기 위한 그루밍으로 쇼에서 요구하는 타입의 미용 스타일을 완성해야 함 • 보통 각 견종의 표준에 맞는 그루밍 방법이 정해져 있으며, 출진할 시기에 맞추어 출진 견이 최고의 상태로 돋보일 수 있도록 쇼 당일에 초점을 맞추어 계획적으로 피모를 정돈해 두어야 함
23	스웰(Swell)	두부를 부풀려 볼륨 있게 모양을 낸 것
24	스테이징(Staging)	미니어처 슈나우저 등에게 하는 스트리핑 방법의 순서
25	스트리핑(Stripping)	트리밍 나이프를 사용해 노폐물 및 탈락된 언더코트를 제거하거나 과도한 언더코트 양을 줄이기 위해 털을 뽑아 스타일을 만들어 내는 미용 방법
26	스펀징(Sponging)	샴핑할 때 스펀지를 이용하는 것
27	시닝(Thinning)	빗살 가위로 과도하게 많은 부분의 털을 잘라 내어 모량을 감소시키고 형태를 만드는 것
28	시저링(Scissoring)	가위로 털을 잘라 내는 것
29	오일 브러싱 (Oil brushing)	피모에 오일을 발라 브러싱하는 것

30	이미지너리 라인 (Imaginary line)	외부에 설정하는 가상의 선
31	인덴테이션 (Indentation)	• 우묵한 패임을 만드는 것 • 푸들의 스톱에 역V형 표현
32	초킹(Chalking)	냄새나 더러움을 제거하기 위해 흰색 털에 흰색을 표현할 수 있는 제품을 문질러 바르는 것
33	치핑(Chipping)	가위나 빗살 가위를 사용하여 털 끝을 잘라내는 미용 방법
34	카딩(Carding)	빗질하거나 긁어내어 털을 제거하는 미용 방법
35	커팅(Cutting)	가위나 클리퍼로 털을 잘라 원하는 형태를 만들어 내는 것
36	코밍(Combing)	• 털을 가지런하게 빗질하는 것 • 보통 털의 방향으로 일정하게 정리하는 것이 기본적인 의미임
37	클리핑(Clipping)	클리퍼를 사용하여 스타일 완성에 불필요한 털을 잘라 내는 것
38	타월링(Toweling)	베이싱 후 타월을 감싸 닦아내는 것
39	토핑오프(Topping-off)	스트리핑 후 완성된 아웃코트 위에 튀어나오는 털을 뽑아 정리하는 것
40	트리밍(Trimming)	• 털을 자르거나 뽑거나 미는 등의 모든 미용 작업을 일컫는 말 • 불필요한 부분의 털을 제거하여 스타일을 만듦
41	파팅(Parting)	• 털을 좌우로 분리시키는 것 • 분리한 선은 파팅 라인이라고 함
42	페이킹(Faking)	• 눈속임 • 여러 기법으로 모색 및 모질에 대한 눈속임을 하는 것
43	펫 클립(Pet clip)	• 쇼 클립을 제외한 나머지 미용을 대부분 펫 클립이라고 함 • 가정에서 애완견으로 키우기 위하여 털을 청결하게 관리해 건강을 유지할 수 있어야 하며, 견종에 따른 피모의 특성, 생활환경, 개체의 성격과 보호자의 생활 방식이나 취향 등을 고려하여 다양한 스타일을 연출함
44	플러킹(Plucking)	트리밍 칼로 털을 뽑아 원하는 미용 스타일을 만드는 것
45	피킹(Picking)	• 듀플렉스 쇼트와 같은 작업 • 주로 손가락을 사용하여 오래된 털을 정리함
46	핑거 앤드 섬 워크 (Finger and Thumb work)	• 엄지손가락과 집게손가락을 이용해 털을 제거하는 것 • 기구로 하는 방법보다 자연스러운 표현이 가능
47	화이트닝(Whitening)	견체의 하얀 털 부분을 더욱 하얗게 보이게 하기 위한 작업

NCS 기반

반려견 스타일리스트
3급 필기 예상문제

저자 약력

오희경 교수

現) 장안대학교 바이오동물보호과 교수

現) "K-MOOC 반려견스타일리스트 양성과정 묶음강좌" 총괄

現) 한국동물보건사대학교육협회 이사

NCS 기반
반려견 스타일리스트 3급 필기 예상문제

초판발행 2022년 10월 5일
초판3쇄발행 2024년 5월 10일

지은이 오희경
펴낸이 노 현

편 집 김민경
기획/마케팅 김한유
표지디자인 이수빈
제 작 고철민·조영환

펴낸곳 ㈜ 피와이메이트
서울특별시 금천구 가산디지털2로 53, 210호(가산동, 한라시그마밸리)
등록 2014.2.12. 제2018-000080호(倫)
전 화 02)733-6771
f a x 02)736-4818
e-mail pys@pybook.co.kr
homepage www.pybook.co.kr
ISBN 979-11-6519-258-7 13520

정 가 18,000원